像古生物学家一样思考

生态家园

苗德岁 著

青岛出版集团 | 青岛出版社

图书在版编目（CIP）数据

生态家园 / 苗德岁著. — 青岛 ：青岛出版社，
2024.4
（像古生物学家一样思考 ；6）
ISBN 978-7-5736-2093-4

Ⅰ. ①生… Ⅱ. ①苗… Ⅲ. ①生态学—青少年读物
Ⅳ. ①Q14-49

中国国家版本馆 CIP 数据核字（2024）第 056300 号

XIANG GUSHENGWUXUEJIA YIYANG SIKAO

书　　名	像古生物学家一样思考
分 册 名	生态家园
著　　者	苗德岁
出版发行	青岛出版社
社　　址	青岛市崂山区海尔路 182 号（266061）
本社网址	http://www.qdpub.com
策　　划	连建军　魏晓曦
责任编辑	宋华丽　张旭辉
特约编辑	施　婧
美术总监	袁　堃
美术编辑	孙　琦　李　青
印　　刷	青岛海蓝印刷有限责任公司
出版日期	2024 年 4 月第 1 版　2024 年 4 月第 1 次印刷
开　　本	16 开（715mm×1010mm）
总 印 张	66
总 字 数	720 千
书　　号	ISBN 978-7-5736-2093-4
定　　价	398.00 元（全六册）

编校印装质量、盗版监督服务电话：4006532017　0532-68068050
建议陈列类别：少儿 / 科普

书中自有新天地

送给能静心读书的你

细菌
病毒
基因
突变
奇点
圈层
遗传
适者
生存
海陆
变迁
生命
科学
地貌
DNA
RNA
染色体
原始汤
岩石
单细胞
生物
生理
适应性
黑洞
热液
生物群
器官
地质
年代
核能
科学
范式
板块
生物
多样性
深海
热泉
文明
古国
自然
灾害
地球
银河系
日心说
生命
生命
起源
自然
选择
生态
系统
哺乳
动物
泛大陆
生物
大灭绝
宇宙
大爆炸
火山
细胞
基因
基因
重组
生物
豌豆
杂交实验
真核
生物
直立人
脊椎
动物
青铜器
走出
非洲
深时
科学
革命
环境
污染
地震
变异
生物圈
温室
效应
旧石器
时代
太阳能
北京人
人类
地壳
运动
矿产
达尔文
低碳
气候
变化
厌氧菌
大陆
漂移
能源
燃料
自然
资源
南方
古猿
进化论
物种
生态
环境
寒武纪
生命大爆发
地质
考古
小行星
撞击
彩陶
可再生
资源
智人
性状
霸王龙
生物
演化
不可再生
资源
鱼龙
恐龙
恐龙
生物学
窃蛋龙
共生
生态
足迹
化石
环境
保护
三叶虫
分解者
入侵
物种
小盗龙
叠层石
热河
生物群
孔子鸟
可持续
发展
寄生
始祖鸟
生态
赤字
濒危
物种

总 序

沈树忠

中国科学院院士、地层古生物学家

我与苗德岁先生相识20多年了。2001年，我从澳大利亚被引进中国科学院南京地质古生物研究所，就常从金玉玕院士那里听说他。金老师形容他才华横溢，中英文都很棒，很有文采。后来，我分别在与张弥曼、周忠和等多位院士的接触中对他有了更多了解，听到的多是赞赏有加，也有惋惜之意，觉得苗德岁如果在国内发展，必成中国古生物界栋梁之材。

2006年到2015年，我担任现代古生物学和地层学国家重点实验室主任时，实验室有一本英文学术刊物《远古世界》，我是主编之一。苗德岁不仅是该刊编委，而且应邀担任英文编辑，我们之间有了更多的合作和交流。我逐渐地称他“老苗”，时常请他帮忙给我的稿子润色，因为他既懂英文，又懂古生物，特别能理解我们中国人写的古生物稿子。我很幸运认识了老苗。

老苗其实没有比我大几岁，但在我的心中，他总是像上一辈的长者，因为他的同事都是老一辈古生物学家，是我的老师们。

近年来，老苗转向了科普著作的翻译和写作，让人感觉突然变得一日千里，他的文笔、英文功底都得到了充分发挥，翻译、科普著作、翻译心得等层出不穷。我印象最深的是他翻译了达尔文在1859年发表的巨著《物种起源》，感觉他对达尔文的认知已经远远超出了文字本身的含义，他对达尔文的思想和探索精神也有深刻的理解。

我从事地质工作最初并不是自己喜欢的选择。1978年，我报考了浙江燃料化工学校的化工机械专业，由于选择了志愿“服从分配”，被招生老师招到了浙江煤炭学校地质专业。当时，我回家与好朋友在一起时都不好意思提自己的专业——地质专业当年被认为是最艰苦的行业，地质队员“天当房，地当床，野菜野果当干粮”的生活方式让家长和年轻人唯恐避之不及。

中专毕业以后，我被分配到煤矿工作，通过两年的自学考取了研究生，从此真正地开始了地球科学的研究。宇宙、太阳系、地球、化石、生命演化等词汇逐步变成我的专业语汇。我一开始到了野外，对采集到的化石很好奇，还谈不上对专业的热爱，慢慢地才认识到地球科学充满了神奇。如果我们把层层叠叠的岩石露头（指岩石、地层及矿床露出地表的部分）比作一本书的话，那么岩石里面所含的化石就是书中残缺不全的文字；地质古生物学家像福尔摩斯探案一样，通过解读这些化石来破译地球生命的历史，回顾地球的过去，并预测地球的未来。

光阴似箭，转眼间40年过去了，我从一个学生成为一位“老者”。随着我国经济实力的增强，地球科学的研究方式也与以往不可同日而语。由于地球科学无国界，我不但跑遍了祖国的高山大川，还经常去国外开展野外工作。实际上，越是美丽的地方、没人去的原野，往往越是我们地质工作者要去的地方。

近些年来，野外的生活成了城市居民每年都在盼望的时光，他们期盼到大自然最美的地方去度假。相比而言，这样的活动却是我们地质工作者的日常工作。每逢与老同学聊天、相聚，他们都对我的工作羡慕不已。就像英国博物学家达尔文当年乘坐“贝格尔号”去南美旅行一样，过去“贵族”所从事的职业成了如今地质工作者的日常工作。

40多年的工作经历使我深深地感受到，地球科学是最综合的科学之一，从数理化到天（文）地（理）生（物）的知识都需要了解。地球上的大陆都是在移动的，经历了分散—聚合—再分散的过程，并且与内部的物质不断地循环，火山喷发就是其中的一种方式。地球的温度、水、大气中的氧含量等都在不停地变化，地球还有不断变化的磁场保护我们。地球生命约40亿年的演化充满了曲折和灾难，有生命大爆发，也有生物大灭绝，要解开这些谜团，我们需要了解地球；而近年来随着对火星、月球的探索加强，我们更加觉得宇宙广阔无垠，除了地球，还有更多需要我们了解的东西。

我小时候能接触到的优秀科普书籍极少，因而十分羡慕现在的青少年，能够有幸阅读到像苗德岁先生这样的专家学者为他们量身打造的科普读物。苗德岁先生的专业背景、文字水平和讲故事能力，使这套书格外地与众不同。希望小读者们在学习科学知识的同时，也学习到前辈科学家孜孜不懈地追求真理的科学精神。

给少年朋友的话

苗德岁

快速的经济发展带来严重的生态和环境问题，这是所有发达国家在发展过程中都无法绕过去的困局。过去 40 多年来，我国经济迅速繁荣发展，与此同时，我们也面临着相似的难题。

近年来，我国对生态文明建设的重视程度越来越高，广大人民群众的生态意识随之日益提高。“生态”成了时尚的词汇，已从生物学家的专业术语，变成人们日常生活里的口头禅。建设美好的生态家园，也成了人民对美好生活的愿景之一。

其实，中华民族有与自然和谐共处的悠久传统，这一点从中国古诗词中充满生态意境的名句里可以看出，比如张志和的“西塞山前白鹭飞，桃花流水鳜鱼肥”以及龚自珍的“落红不是无情物，化作春泥更护花”等。

我在《生命礼赞》与《奇妙生物》里，均已讨论过生物与其周围环境之间的复杂关系。生态学原本就是研究生物之间及生物与周围环境的相互关系的学科，这是生命科学领域里综合性很强的一门科学，几乎涉及生命科学的各个方面，与地球系统科学（包括环境科学）也密切相关。近年来，产生了许多生态学与社会学、经济学等学科交叉的研究热点，比如全球气候变化研究、受损生态系统的恢复和重建研究、社会经济可持续发展研究等。

在本书中，我会向大家介绍生态学的一些基本概念与内容，包括地球上的能量流动与物质循环、生态系统的变化与平衡、环境挑战与自然资源保护、群落生态学与保护生物学等。生态学研究事关我们人类自身的未来，也就是有关我们将往何处去的问题。

目录

三　生态平衡与生态演替

四　生态足迹与自然资源保护

五　全球气候变暖与环境挑战

附录

在浩瀚无垠的宇宙中，有亿万个大小不同的星球，我们所居住的地球只是其中不太显眼的一颗。然而，地球在宇宙中又是十分独特的存在，因为它是目前已知唯一有生命存在的星球，而其他星球上或是炽热的“火海”，或是严寒的“冰原”……真可谓“巡天遥看一千河”——“风景这边独好”！

更不可思议的是，不仅地球表面上有五彩缤纷、生机勃勃的“生物圈”，而且按照一位英国科学家在近60年前构想的盖娅假说，地球自身就是个巨大的“有机体”。

在本章，让我们一起来了解：作为能够进行自我调节的超级生命体，地球究竟是怎样一个“活生生”的庞然大物?

一　一颗鲜活的星球

一个神奇的想法——盖娅假说

20世纪60年代末，英国科学家詹姆斯·洛夫洛克提出了一个神奇的“盖娅假说”。“盖娅”的原意是古希腊神话中的大地女神。

他认为：地球本身是一个巨大的有机体；地球整个表面，包括所有的生命形式（生物圈），构成一个自我调节的整体，这就是“盖娅”。

在这个假说中，地球被视作一个能够通过自我调节以达到自身平衡的鲜活的超级生命体——盖娅。这意味着，地球不只是负载着生命的星球，其本身就是具有生命力的“有机体”——一颗“鲜活的”星球。

当然，这并不意味着地球自身真的是我们通常认识的有机体，而是说明地球上的生物与其周围的自然环境（包括大气圈、水圈及岩石圈）之间存在着极为复杂又不可分割的相互作用关系。

盖娅假说认为，这些相互作用关系使地球一直保持着适度的平衡稳定状态，以使其自身的生命历经亿万年的沧桑巨变而持续生存。维

术语

有机体指自然界中有生命的、可以独立生存的个体，即通常说的“生物”，包括人、动物、植物和微生物。

持平衡状态是生物体的特性之一，生物体正是通过各种调节机制来维持稳定状态（内部平衡）并得以生存的，地球也是如此。

盖娅假说刚一问世，就遭到科学家同行的质疑与反对。由于洛夫洛克在假说中提出，地球上的自然环境既影响着生物演化的过程，各种生物也反过来影响它们周围的自然环境，这令一些生物学家感到不安。他们认为，这一假说可能有悖于达尔文的生物演化论，因为达尔文理论的精髓在于：自然环境的变化驱动着生物为更好地适应环境而不断演化。因此，盖娅假说被视为是反达尔文主义的。著名的演化生物学家道金斯和古尔德当时都是盖娅假说的强烈批评者和反对者。

当然，洛夫洛克并非没有支持盖娅假说的证据。

洛夫洛克指出，虽然太阳辐射在过去的地球历史上持续增强（据估算，在过去的 35 亿年间，地球接受的太阳能增加了 25%～30%），但是地球表面温度始终保持稳定：即使在冰期，地球的平均气温浮动也不太大，地球上的水体从来没有因为持续增温而干涸过，海洋也未曾因冰期而全部冰冻起来。

因此，洛夫洛克问道："为什么海洋从来没有全部结过冰，也没有沸腾过呢？"他认为，这是由于地球是"内部平衡的"，"像活着的有机体一样，遵循着身体的规律"。

他还指出，虽然有许多因素可能曾会破坏海洋的盐度或大气成分，但在地球历史上，长期以来，这两者似乎一直保持着比较稳定的状态。

尽管每年陆地上的剥蚀物以及土壤中含有的千百万吨的盐被雨水冲刷，通过河流被带入大海，但海水盐度（每千克大洋水中的含盐量）始终保持在35‰左右。倘若海水盐度曾达到60‰的话，海洋中的所有生物均早已灭绝！

大气成分也是如此，维持地球大气圈成分的平衡并不容易。邻近星球（如火星）的大气圈主要由二氧化碳组成，氮含量很少——这些似乎主要是化学与"地质"作用的产物。地球的大气圈成分则主要是氮与氧。

很早以前，科学家们就知道，地球上氧气的产生主要归功于有机体的光合作用。然而，直到几十年前，我们才认识到：大气圈中氮、硫、碳的成分平衡归功于生物的调节作用。地球（包括大气圈）在生物与物理层面一直是共同演化的。

在生命出现以前，地球的大气圈中是缺乏游离氧（氧气）的。设想一下，如果不幸被困在这种缺氧的环境里，该有多么痛苦和危险啊！

所幸，地球上早期的生命形式（指蓝细菌等原核生物）在光合作用过程中，将氧作为废物释放出来。经过亿万年的积累，在大约 25 亿年前，地球上出现了一次光合作用的高峰期（地质古生物学家称之为“大氧化事件”），到大约 24 亿年前，大气圈中的氧含量已从零上升至 1%。自此开始，地球的面貌彻底改变，大气圈的臭氧层逐渐形成，地球环境变得适合真核生物出现和生存了。

20 多亿年来，大气圈一直保持着氧气和二氧化碳含量比例相对平衡的状态，使缤纷的生物能在地球上如此蓬勃地生存和繁衍。

有人说，除了“盖娅”，还有什么样的星球机理才能有如此令人惊叹的“神力”呢？尽管盖娅假说从一出现起就遭到激烈的批评，不过，有机体在维持地球宜居性上扮演着关键角色的这一事实，还是让盖娅假说逐渐获得许多科学家的支持，其中包括著名的生物学家马古利斯。她通过研究早期生命及内共生理论，从

走近科学巨匠

马古利斯提出的内共生理论与盖娅假说密切相关，她将共生视为生命世界的最基本属性。按照马古利斯的观点，我们见到的动物、植物、真菌等生物都起源于原始真核生物吞噬细菌后形成的共生体，它们再经过演化，才形成更复杂的生命。

一开始就确信盖娅假说是正确的，并提供了许多支持盖娅假说的证据。

从 1974 年起，马古利斯开始与洛夫洛克合作研究，以至于现在有些人把盖娅假说称为“洛夫洛克－马古利斯理论”。当然，盖娅假说最早是由洛夫洛克独立提出来的。此外，他还是一位颇具传奇色彩的“科学奇人”。

一位喜欢离群索居的科学家

詹姆斯·洛夫洛克是一位英国化学家、科学仪器发明家、畅销书作家及环保活动家。按时下流行的说法，他是一位“斜杠”（拥有多重职业和多重身份）科学家，也是一位颇具神奇色彩的人物。

洛夫洛克从小热爱自然科学，尤其喜欢凡尔纳与威尔斯的科幻小说，痴迷于其中有关科学探险的故事。1941 年，他毕业于英国曼彻斯特大学，获化学学士学位。大学毕业后，他随即加入英国国家医学研究所的医学研究委员

走近科学巨匠

洛夫洛克在国外一项“世界十大疯狂科学家”排行榜中位列第四，排在他前面的三位分别是爱因斯坦、达·芬奇、尼古拉·特斯拉。他生于 1919 年 7 月 26 日，在 2022 年 7 月 26 日，即他的 103 岁生日当天去世。

会，在那里任职长达 20 年，拿着丰厚的薪水与优渥的福利，可谓捧着“铁饭碗”。然而，他不甘于这种安定闲适的生活。其间，他不仅在一家医院的普通感冒研究科兼职，而且在职攻读了伦敦卫生与热带医学院的博士学位，并于 1948 年获得博士学位。

20 世纪 50 年代，洛夫洛克获得洛克菲勒基金会医学奖学金，赴美继续深造，先后在哈佛大学与耶鲁大学从事研究工作。1957 年，他回到英国国家医学研究所工作，在与一位生化学家合作研究时，他发明了一种著名的科学仪器——电子捕获检测器。这在当时是一种灵敏度非常高的检测装置，可以测量出食物中的卤素含量以及土壤和大气中的一些微量物质含量，比如土壤中杀虫剂的残余含量等。由此，电子捕获检测器受到科学家们的青睐，并在科研工作中得以广泛应用。两年以后，他又获得了伦敦大学的生物物理学博士学位！

20 世纪 60 年代，洛夫洛克再度赴美，于 1961—1964 年担任位于休斯敦的贝勒大学医学院教授。其间，他与美国国家航空航天局的同事们合作，发明了一些科学探测仪器，供在地外星球上进行科学探索。他还帮助英国国家安全局发明了一些跟踪设备。洛夫洛克一生中享有 50 多项科技发明专利，使他获得财务自由，可以从容地辞去工作，离群索居，从事独立的科学研究。

洛夫洛克认为，科学家应该像艺术家一样，能够独立地、专心致志地创作，不受日常工作的羁绊。在达尔文生活的时代，科学家们大多像达尔文一样，出自富裕的家庭，不需要为柴米油盐发愁。洛夫洛克通过自己的众多发明专利也做到了这一点。因此，他选择离开喧嚣的城市，定居在英格兰南部一个偏僻的小渔村。在乡间的神奇小屋里，他专注地从事科学研究，并著书立说。

洛夫洛克有个非常有名的邻居，名叫威廉·戈尔丁，此人后来成为诺贝尔文学奖得主（1983 年），也是长篇小说《蝇王》的作者。作家斯蒂芬·金曾经回忆说，《蝇王》是他 12 岁时碰到的一本书，是他读到的第一本“长着手的书——强有力的手，它们从书页上伸出来，扼住我的咽喉”。

洛夫洛克把自己的想法告诉了戈尔丁，说他发现地球跟其他行星不同，其自身像一个系统化的有机体，它能够调节自身的气候与环境，养育地球上的生命，宛若万物之母。戈尔丁灵机一动，建议他使用“盖娅”一词作为新理论的名称。“盖娅”是古希腊神话中的大地女神，传说她从混沌中分离出来后，生出了苍天、洼地和海洋。对此，洛夫洛克欣然接受了。

这就是“盖娅假说”名称的由来。

很多人认为洛夫洛克跟达尔文一样属于“非正统”的科学家。事实上，他的前半生是一位传统的科学家，只是后半生才选择像达尔文那样离群索居，“躲进小楼成一统”，潜心研究盖娅理论，并著书立说。他极少在公众视野里曝光，故被视为一位“非正统”的科学家。

○ 洛夫洛克与盖娅假说示意图

大多数主流科学家一开始曾对盖娅假说持怀疑态度，认为它没有多少科学价值，更像科幻小说。

事实上，阿西莫夫的科幻小说《基地》正是借用盖娅假说，虚构了一颗名叫“盖娅”的行星。在这颗行星上，所有的有机体紧密地联系在一起，连土壤和矿石都能储存记忆。因而，阿西莫夫把盖娅行星描绘成一个拥有共同思想和意识的、巨大的超级生命体——这不正是洛夫洛克的盖娅吗？

走近科学巨匠 

阿西莫夫是美国著名小说家、科普作家。他善于把科幻小说与侦探小说、神秘小说结合起来，代表作有《永恒的终结》《神们自己》和“基地系列”“机器人系列”等。

无独有偶，在美国导演卡梅隆的科幻电影《阿凡达》中，潘多拉星球的形象无疑也源于洛夫洛克的盖娅假说；不过，比盖娅地球更神奇的是，在潘多拉星球上，连每一个生物的意识都可以通过“圣树”联系在一起。

大家一般承认生物和环境之间相互作用的普遍性，比如热带雨林就是盖娅理论的实例。在亚马孙雨林中，树木通过树叶的蒸腾作用释放出水分，树木在增加空气湿度的同时，也增加了降雨的次数，这种相互作用保持了亚马孙雨林的勃勃生机，使之成为

○ 亚马孙雨林

地球上生物多样性最丰富的地区之一。

自 20 世纪 70 年代起，洛夫洛克在“隐居”的海边小屋里，先后撰写了五本有关盖娅假说的科普畅销书。随着作品的出版，他越来越为公众熟知。其间，他的盖娅假说也逐渐被越来越多的科学家接受。

1974 年，洛夫洛克被荣选为英国皇家学会的会员，之后又获得各种殊荣。他从一个自由科学家的身份“华丽转身”为享有盛誉的科学家，盖娅假说也随之受到科学界的重视。在洛夫洛克一生中，更为神奇的是，他是在自己 103 岁生日那天安详逝世的。无论从哪一方面讲，洛夫洛克均堪称世界科学史上一位颇具传奇色彩的人物。

洛夫洛克的科学遗产与盖娅假说的现状

盖娅假说自 20 世纪 60 年代末由洛夫洛克首次提出，最初被主流科学家以其不够严谨为由而坚决反对，经过著名生物学家马古利斯在 1974 年的补充完善，才逐渐被大家接受。

近年来，全球气温持续变暖，极端气候及自然灾害频发，地球生态环境严重恶化，人们开始再度审视盖娅假说，对其愈加重视起来。盖娅假说堪称洛夫洛克一生中最重要的科学遗产，尽管他在科学技术领域的贡献是多方面的。

值得指出的是，近年来，地球科学领域经过革命性的整合，诞生了地球系统科学；而盖娅假说作为一种新的地球系统观，有助于直接或间接地回答如今人类面临的生态危机与世界观、自然观的问题。

全球范围内的生态环境恶化，是当今人类面临的严重挑战。盖娅假说启示我们，环境问题涉及整个地球生态系统，要解决这一问题，我们首先需要把环境问题置于地球系统科学的大视野下来审视。

对此，洛夫洛克曾形象地把盖娅假说称作“地球生理学”及“行星医学”。换句话说，洛夫洛克的盖娅假说把地球看成一个生命体。地球上发生了生态危机和环境恶化，相当于一个生物体内出现了生理紊乱现象，即地球“生病了”，需要及时医治。

我们利用地球系统科学与生态系统学的整体观点和方法，逐渐认识到：自工业革命以来，现代人的生产和生活方式对生态环境产生了极大的负面影响。人类要立即共同行动起来，通过改变生产和生活方式，来医治地球罹患的“生理疾病”，以保护我们赖以生存的生态家园。

此外，根据盖娅假说的重要支持者与贡献者马古利斯主张的生物内共生理论，我们可以把地球上的整个生物圈看成一个巨大的生物共生体，以至于她的追随者把盖娅假说称为从太空看到的“生物共生现象”。这无疑启示我们：地球上的所有生物（包括人类在内）都是地球母亲的后代；我们在道义上应该热爱和保护地球母亲，并与生物圈内我们所有的同伴（兄弟）物种同呼吸、共命运，力争和睦相处、共生共存。

至此，我们已经从宏观上讨论了与生态家园有关的理论问题。我们一直张口“生态”、闭口“生态”，但究竟什么是生态和生态学呢？在其后的章节中，我们将详细讨论生态学的基本概念、地球生态系统、生物圈与生态圈、环保问题等话题。希望你读完这本书后，能成为小小生态学家！

我的朋友丁仲礼院士接受央视采访时，曾经从一名地质学家的角度指出：地球不需要我们去拯救，需要拯救的只是我们人类自身。这一观点本身无可非议，但可能引起一部分人的曲解。

丁院士从地球历史的宏大视野指出，地球历史上出现过比现在全球气候更炎热（比如恐龙时代）或更寒冷（比如大冰期时代）的地质时期，可地球依然生存下来，未曾需要任何力量拯救。从固体地球的角度来说，事实确实如此，但生物圈也确实经历过五次生物大灭绝事件，绝大多数与极端气候变化（包括伴随火山活动的大量碳排放）有关。

我认为，丁院士主要想强调，我们不应该用人类中心主义来看问题，人类既不是地球的主人，也不是地球的管理者，我们只是地球母亲的后代之一。这与我们应该提高环境保护意识，善待地球上的其他物种，保护我们的生态家园，是毫无矛盾之处的。

冰川融化

全球气候变暖导致北极冰川融化，北极熊的生活家园遭到严重威胁，其捕食范围大大萎缩，食物匮乏会影响雌性北极熊哺育下一代。北极熊正面临前所未有的生存危机。

“工欲善其事，必先利其器。”任何学科的研究都有一套自己的专业术语和基本概念，这样一来，科学家之间的对话与交流才有了共同语言。生态学的研究自然也不例外。

在本章，我们将通过讨论什么是生态学、生态环境与生态系统、生态系统的层级分类以及生态系统中生物之间的相互关系等话题，了解许多相关的专业术语和基本概念；这对本书的阅读、其他通识阅读以及中学、大学阶段的学习都会大有助益。本章的介绍以讲故事的形式展开，以期收到“润物细无声”的效果。

二　地球上的生态系统

什么是生态学

如今几乎每个人对生态学都有一些模模糊糊的概念，大概知道是怎么回事，可具体又说不出所以然。大家一般认为，生态学研究的是我们和自然界的关系或人类对自然界的影响。这当然没错，可并不完整。

其实，生态学研究的是所有生物（包括人类）与其环境之间的“互动”关系，不管是否涉及人类。比如古生物学家研究古生物与其环境的关系，他们研究的学科就称作古生态学——那时候人类尚未出现，当然没有人类什么事儿。

生物圈是地球上的所有生物与其生存环境的总和，包括各种地貌、水域、地壳表层及大气圈下部等。生物圈是地球上最大的生态系统。

生态学的目标是研究整个生命系统（生物圈）是如何运作的，像了解一部机器怎样运转一样；而不是把机器硬生生地拆成各个零件，一件一件地去研究这些零件。比如当生态学家研究一条蚯蚓时，他们试图了解它在整个生态系统（生物群落及其物理环境相互作用的自然系统）中是如何生存的。这主要涉及两方面：它与其他生物的关系（它吃什么？谁又吃它？

它与植物的关系是怎样的？这种关系又称作“生物因素”)以及它与周围物理环境的关系(如大气圈的情况——气温和湿度，土壤组成及其他因素。这种关系又称作“非生物因素”)。

最初，生态学主要研究不同物种的种群之间相互作用的波动变化现象。比如对于某地区狐狸捕食兔子的现象，早期的生态学家发现：在一些年份，当兔子的种群数量增大时，狐狸的种群数量随之增大。他们根据两个物种的种群在不同年份的波动变化，建立了物种相互作用的模型及方程式。

后来，生态学家发现，两个物种种群数量的波动变化虽然反映了自然界的实际情形，但过于简单化。在一个区域内，影响两个物种种群波动变化的因素有很多，不是由捕食关系这个单一因素决定的，还必须考虑这两个物种与其他物种及非生物因素之间的复杂关系。也就是说，要通盘考虑该区域整个生态系统的变化。

生态学家不只在实验室里观察生物，还试图了解它们在野生环境中的真实状态，这十分困难和复杂，因为野外的情况(无论生物因素还是非生物因素)常常瞬息万变。

术语

种群，是指生活在一定区域的同种生物全部个体的集合。种群是生物繁殖的基本单位，也是进化的基本单位。

○ 鮟鱇身上有一个发光器，能够帮助它适应深海黑暗的环境。当猎物顺着光游进它的嘴巴时，它会立刻闭上嘴，享受一顿美餐。

尽管如此，生态学家经过不懈努力，还是发现了很多有趣或令人惊奇的现象，比如很多生物在恶劣甚至极端环境里演化出各种奇特的适应方式（包括生殖、形态、习性、感官系统、社会性组织等方面的适应），这使我们了解它们在严酷的野外环境（生存斗争）中如何摄食、生存和繁衍。

近年来，随着生态学家对盖娅理论的逐步接受和深入了解，他们已能够在全球尺度上对生物与环境之间的复杂关系进行审视和研究，形成概念化的理论模式。

俗话说：“工欲善其事，必先利其器”。接下来，让我们通过实例来了解生态学的一些基本概念。

生态环境与生态系统

“环境”一词似乎不言自明，周围即环境，包括我们熟悉的天空、大地、山脉、丘陵、河流、湖泊、海洋、森林、草原、极地、沙漠及生活在其中的各种动物和植物。

生态环境则是指各种生物之间、生物与环境之间互动的“大舞台”。生态学研究这些互动发生的场所，比如潮汐带、深海、热带雨林、稀树草原等。

○ 海龟的生态环境

你想过吗？当你吃香蕉时，你其实已经把一丁点儿环境吞入肚子里。因为香蕉采自香蕉树，香蕉树则植根于土壤，在阳光雨露的滋润下开花结果，才得以满足你的口腹之欲。从严格意义上来说，那根香蕉原本是生态环境的一部分，尽管是微不足道的一部分。

香蕉在你的胃里短暂停留，在你的身体里经过消化、吸收营养之后，剩余部分作为废物排出体外。而后，你排泄的废物变成生存在下水道里或废水集散湿地里微生物的食物，这些微生物及其排出的废物又重新进入植物生长的再循环。

事实上，当你呼吸时，你吸入的氧气是植物或某些微生物进行光合作用的产物，而你呼出的二氧化碳对这些植物和微生物的生存也至关重要。我们活着的时候，从生态环境中获得生活资源；我们身后则回归大自然，化为某些微生物的食物资源。

此外，我们通常以为垃圾是真的被扔掉了，实际上垃圾也是生态环境的一部分，它会进入生态环境的物质循环，这可以说是生态学里的“物质不灭定律”吧。

从本质上看，我们自身即生态环境的一部分——我即环境，环境即我。如果你过去并不清楚生态环境的定义，通过上面的例子，现在可以体会到什么叫“不识庐山真面目，只缘身在此山中”了吧？

生态系统不是深奥无比的抽象概念，而是我们日常生活中熟悉的存在。当你去野外或森林远足时，你就置身在一个相当大的生态系统中！那里的动物、植物、微生物以及非生物性的环境因素（包括土壤、水分、阳光、气温等）都属于生态系统。

一个生态系统可大可小：你家小区的花园就是一个小的生态系统，大的生态系统可以是森林、草原、沙漠和海洋，也可以是生物圈。生物圈包括生物本身及其赖以生存的自然环境，是地球上所有生态系统的组合体。这和盖娅理论把整个地球看成一个有机体是十分类似的。

如同人类社会组织的层级分类（世界、国家、省、市、县、镇、村、个体），生态学家也将其研究对象划分成了不同的层级，如生物圈、生物群系、生态系统、生物群落、种群、生物个体。

当你走进一片森林，你可能看见一只小鹿（生物个体），再往里走可能会遇上更多只（甚至一群又一群）同种的鹿，那么该片森林中所有同种的鹿就构成一个种群。这片森林中还有许多其他不同的动物、植物和微生物，它们组合在一起，便构成一个生物群落。这片森林是一个生态系统，它和周边地区构成一个更大的生态系统。比如长白山或太湖地区都构成有特色的生态系统，放宽眼界，我们会发现整个东北或华南等地区是更为广阔的自然地理区域。各大区域内包括众多生态系统，大区之间的生态面貌通常大不相同，它们构成不同的生物群系。把全球无数的生态系统合在一起，便构成了生物圈。

○ 不同层级的生态系统（中国东北地区）

在大大小小的生态系统内，我们可以发现很多“为人作嫁”的有机体。通过光合作用（某些微生物通过化能合成作用），它们不仅为自己制造有机物，而且为其他生物提供能量和食物。这些“无私奉献”者在生态学里称为“生产者”。

所有生物都需要能量才能生存，我们靠能量来维持身体的正常运作。对大多数生物来说，能量的直接来源是它们所吃的食物，而所有食物的来源最终都可以追溯到生产者。它们中的大部分利用太阳能与体内的叶绿素，通过光合作用来制造食物。因此，动植物获得的能量大都直接或间接地来自太阳。绿色植物、光合细菌等属于“自养生物”，它们是生态系统中的食物工厂，又称作“生产者”。

我们前面提到，生态系统中的所有生物都是相互依存的。根据摄取能量的方式不同，它们可以分为三大类：生产者、消费者和分解者。

绿色植物、光合细菌等是生产者；“吃素”的动物（植食性动物，如兔子、羚羊和牛等）是“初级消费者”；“吃荤”的动物（肉食性动物，如蛇、青蛙、黄鼠狼等）与“荤素”都吃的动物（杂食性动物，如浣熊、狗熊和人类等）一般属于“次级消费者”；像狼、狮子、老虎以次级消费者为食的肉食性动物则属于“三级消费者”。

此外，有一类特殊的肉食性动物，它们专门吃死去动物的腐肉，比如秃鹫和鬣狗，因而它们都属于“食腐动物”。

下图是生物摄取能量（摄食）的金字塔。处于金字塔最底层的是“分解者”。它们负责把死后的动植物分解成更简单的物质，让这些重要的物质回归土壤或溶入水中，进入下一轮生态系统内的物质循环。

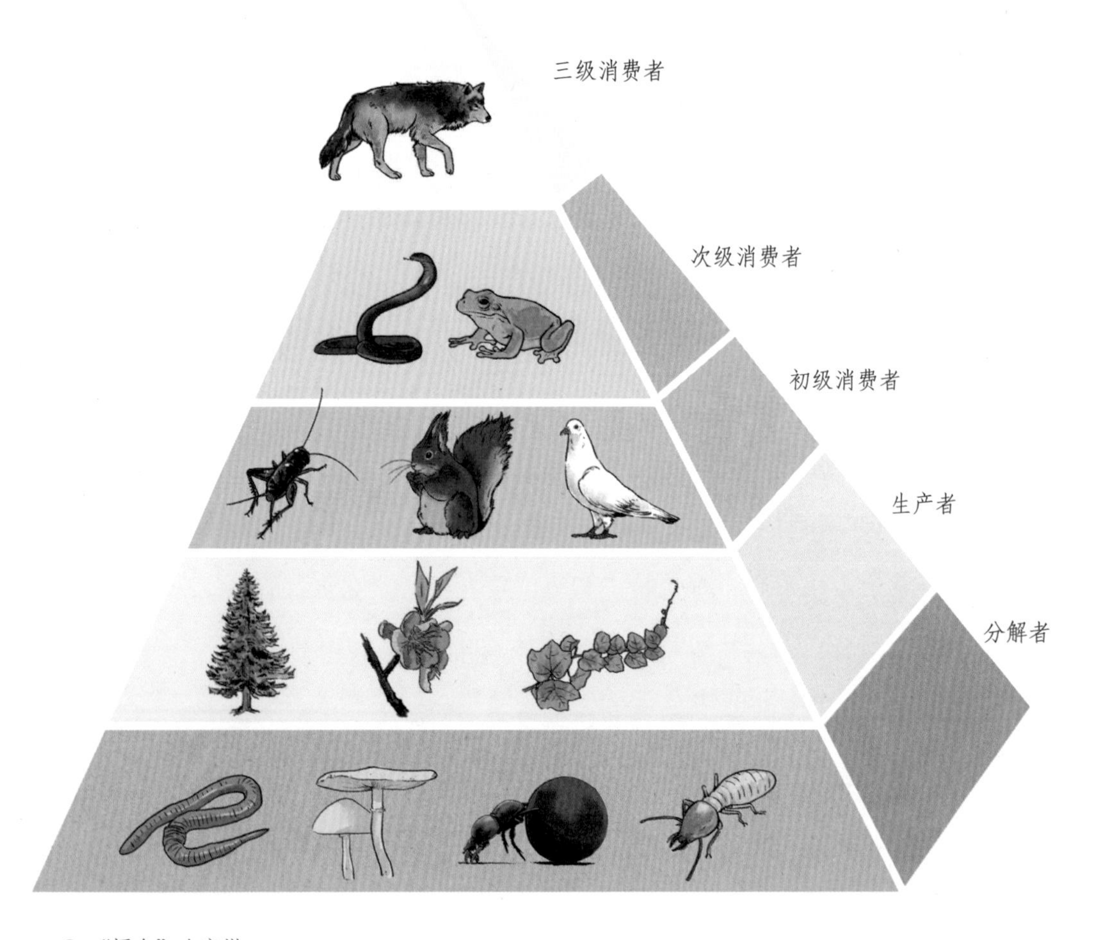

○ “摄食”金字塔

在这一点上，分解者与食腐动物不同。分解者包括蚯蚓、蘑菇、细菌等。分解者的作用是使动植物身上重要的矿物质元素（如氮、磷、碳、硫、镁等）及其他养分回到生态环境的物质循环中。如果没有分解者的作用，生态系统中的物质循环将无法维持。

这张金字塔图让我们联想到以前谈到的食物链，生态系统中的“大鱼吃小鱼，小鱼吃虾米”以及“螳螂捕蝉，黄雀在后”的现象，这也反映了生物间相互竞争、相互依存的关系。

食物链也反映了生态系统中能量流动的关系。在一个生态系统中，能量流动（或养分转移）就是通过食物链实现的。在能量流动的最后一步，分解者使有机废料和“污染物”回归生态系统，启动下一个循环，如此循环往复，生生不息。能量主要以太阳能、的形式流入生态系统，以热量的形式流出——即通过生物体的新陈代谢（呼吸作用）来完成。

为了更好地理解上述基本概念，你不妨做一做下面这个小实验，看看你自己究竟处于食物链或“摄食”金字塔的哪个位置（层级）上：

1. 在一张纸上，把你今天三餐吃的东西一一列出来；
2. 确定每种食物属于金字塔上哪一层级生物的产物；
3. 逐一回答：谁是生产者？谁是消费者？
4. 确定你自己在金字塔上的位置。

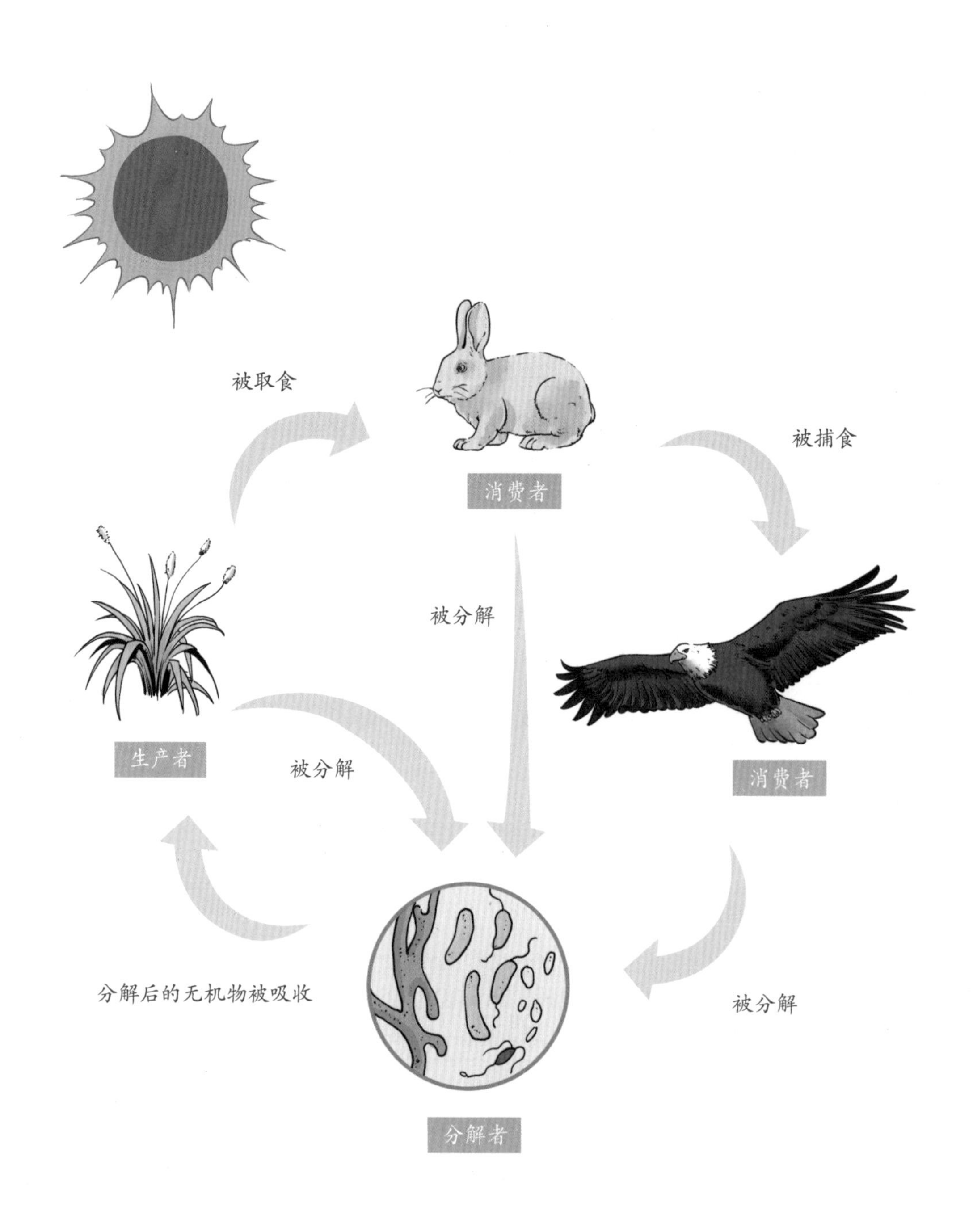

○ 生态系统中生产者、消费者和分解者的关系示意图

生物间的相互关系

我们在前面讨论过，一个生态系统可以小到一个池塘或小区的花园，大到整个太平洋或青藏高原，甚至地球上的整个生物圈。为了使一个生态系统健康地存在下去，其中所有生物群落及非生物环境之间必须保持均衡和密切的互动关系。在适宜的条件下，该生态系统中的绝大部分生物个体都能成功地生存与繁衍；在理想情况下，许多物种的种群得以增大。

在生态系统中，生物之间及生物与非生物环境之间有异常复杂且不断变化的关系，这些关系通常受到一些限制因素的影响和控制。这些限制因素主要包括食物资源、空间范围、居所、气温、疾病等。我们在讨论生物演化论时，其中生存斗争的发生便源于生态系统中的这些限制因素，主要是有限的自然资源对于生物强大繁殖力的限制。

当你准备外出旅行时，你的手提箱里能装多少衣物及日常用品，取决于手提箱的大小，即手提箱的“承载能力”是多少。同样，一个生态系统（无论是一个小池塘还是一片森林）也有其有限的承载能力，即最大限度容纳的生物数量，这无疑取决于其资源的丰富程度。比如一个小池塘能够容纳多少青蛙，取决于有多少食物资源可供青蛙享用，有多少水生植物可供青蛙产卵，又有多少空间可供青蛙藏身等。上述因素既是限制因素，也反映出小池塘生态系统的承载能力。

在很多情况下，一个物种种群数量增长与否，与它跟其他物种之间的相互关系息息相关。

举个例子。在刚才所说的小池塘生态系统中，青蛙的数量在很大程度上取决于某个季节来访的白鹭有多少——如果白鹭来得多，青蛙就遭殃了！白鹭既吃小青蛙，又吃蝌蚪，显然是青蛙的“克星”。两者之间的关系是捕食关系：白鹭是捕食者，青蛙是被捕食者。像本章开头提到的狐狸与兔子之间的捕食关系那样，当捕食者的种群数量增多后，被捕食者的种群数量会随之减少。

○ 小池塘生态系统示意图

白鹭捕食青蛙

生态系统往往无法满足某一特定栖息地的所有生物的需求。当那个环境中只有有限的食物、水、居所甚至阳光时，生物之间就会产生竞争关系。不同种的植物为光照和水分而竞争，不同种的鸟类争夺筑巢的地方，捕食者为抢夺食物而竞争。

竞争关系是生态系统里生物关系中最基本、最常见的一种，由此引起的残酷生存斗争也是生物演化的巨大推动力。在激烈的竞争中，只有更适应环境的一方才有可能生存和繁衍。

我们可能在纪录片里看到过驼鹿（头上长着又大又扁的鹿角），它们在美国落基山的黄石公园里很常见。在黄石公园里，驼鹿最喜欢的食物是白桦树，生活在同一栖息地的白靴兔（北美洲的一种野兔）也以白桦树为食，因而在这一生态系统中，驼鹿

○ 雪地中的白靴兔

与白靴兔之间就是竞争关系。当然，弱小的白靴兔在庞大、饥饿的驼鹿面前，压根儿不是势均力敌的对手。在寒冷的冬天，可怜的白靴兔面临的命运是饥饿甚至死亡。

对生态系统来说，生物间的竞争常会带来一些意想不到的正面效果。竞争使实力相当的一方不至于因无限增长而破坏整个生态系统“安定团结”的局面。然而，有时一些外部因素（力量）会破坏这种局面，比如人类活动有意或无意引进的“外来入侵物种”，可能会打破生态环境原有的平衡状态。

较著名的例子发生在19世纪下半叶，欧洲移民将兔子作为打猎的对象（“猎取玩物”的娱乐活动）引进澳大利亚。这种貌似“人畜无害”的小动物抵达澳大利亚后，由于缺乏天敌，它们凭借极快的生长速度、强大的繁殖能力及快速的蔓延能力，很快令整个澳大利亚“兔满为患”，大片大片的草地被兔子啃得光秃秃的。在牛群无草可食、面临饿死的情况下，科学家不得不引进一种使兔子容易丧命的病毒，把它注射到很多兔子身上，消灭了大量兔子，才使牛群生存下来。

术语

外来入侵物种，也叫入侵种。出于一些原因，它们离开原本生活的区域，到达另一区域后不断扩散繁殖，给当地的生物多样性、生态系统造成明显的损害。巴西龟、红火蚁、美国白蛾等都是入侵种。

生态系统中的生物之间还有一种共生关系。广而言之，当至少两个不同物种的个体“如影随形”地生活在一起时，在生态学里一般称它们为共生关系。

举个例子：在营养贫乏的海洋里，造礁珊瑚通常为藻类提供保护，藻类则吸收珊瑚虫排泄出的废物，同时为珊瑚虫提供食物和氧气。这种共生关系既有重要的生态意义，又有重要的演化意义，因为在这个生物群落中，它们实际上是共同演化的。这种共生关系通常非常稳定，二者相互依靠，难舍难分。

共生关系可以是稳定持久的，也可以是宽松随意的，后者就像下图中海龟驮着鲫鱼一样。

○ 海龟驮着鲫鱼，让它搭乘一段“顺风车”（一种宽松随意的共生关系）。

○ 地衣

在很多共生关系中，双方生活在一起是成功且有益的（对双方或只对一方）。比较有名的例子是寄生在食草动物肠胃里的多种微生物群，它们帮助宿主消化吃进去的草。事实上，所有动物的消化道里都寄生着十分复杂的微生物群——我们也是靠消化道里的各种益生菌来帮助消化的。更有意思的是，有时候共生的两个物种会演化出一个新的物种。比如我们常见的地衣——这些长在石头或树皮上的鳞片状、颜色鲜艳的生物，竟是由共生的真菌和绿藻（或蓝细菌）永久结合而形成的。

在共生关系中，如果一方受益，另一方既不受益也不受害，称作“偏利共生”。热带雨林中的兰花为了获取阳光，攀缘到参天大树的树干和树枝上，否则在见不到光照的浓密树荫下无法茁壮生长。这些兰花的根系暴露在外，可以直接吸收雨水及空气中的水分。它们对树不造成任何伤害，与树构成了偏利共生关系。

○ 兰花与大树（偏利共生关系）

○ 蜜蜂与花（互利共生关系）

在共生关系中，如果双方是互惠互利的，称作“互利共生”。在这种互利互惠关系的例子中，我们较为熟悉的是蜜蜂与花之间的关系。蜜蜂吸食花蕊中的花蜜，并帮助开花植物传粉。两者之间互相帮衬，在生态系统中谁也离不开谁。正因如此，昆虫与开花植物之间常常是共同演化的。

○ 清洁鱼是一类可以为大鱼进行清洁工作的鱼，可称为“鱼医生”。生病的大鱼前来“求医”，小小的清洁鱼便进入它的口中，用尖尖的嘴清洁病鱼伤口上的坏死组织和致病的微生物，被“清除”的污物也成为清洁鱼的食物。即使是凶猛的大鱼，也能与清洁鱼和平相处、互惠互利。

○ 海葵看起来像植物，其实是一种有毒的动物。小丑鱼体表有特殊的黏液，能安全地生活在海葵中。海葵保护小丑鱼免受大鱼的攻击，小丑鱼则帮助海葵清除坏死组织及寄生虫，小丑鱼的自由出入也可以吸引其他鱼类靠近海葵。

○ 槲寄生与宿主树木（寄生关系）

在共生关系中，还有一种是一方受益、另一方受害，这种关系称作“寄生”。只受益不付出的一方称作“寄生物”，而被寄生物剥削并受害的另一方称作“宿主”。比如槲寄生是一种附生植物，它是一种小型灌木，通常寄生在大树上，通过吸取宿主树木的水分和养料生活，是植物中的“寄生虫”，并因此而得名。虽然它是寄生物，剥夺宿主身上的水分和养料，但不至于把宿主置于死地。

槲寄生虽然是一种“蹭吃蹭喝”的“寄生虫”，但关于它有一个美丽的传说。在北欧神话中，爱神弗丽嘉的儿子、光明之神巴德尔做了一个梦，梦见自己死了。母亲为了保护他，苦苦哀求世间万物承诺不要伤害她的儿子。

弗丽嘉众神皆拜，偏偏忘记了最不起眼的槲寄生。巴德尔的敌人洛基利用这一点，让霍德尔投掷一根槲寄生枝条，刺死了巴德尔。世界从此失去光明，陷入黑暗。

有一种说法是，后来，在母亲与世间万物的共同努力下，光明之神巴德尔死而复生，世界因此重获光明。弗丽嘉欣喜若狂，许诺将给所有站在槲寄生下的人一个亲吻。

值得指出的是，在寄生关系中，虽然有消化道微生物那样“善良”的寄生物，也有槲寄生等对宿主伤害甚微的寄生物，但总的来说，绝大部分寄生物对宿主是十分有害的。而动物中的寄生虫，往往对宿主的伤害都很大。

举个例子。20 世纪上半叶，中国南方流行一种地方病，名叫“血吸虫病”，是由寄生在人体内的寄生虫——血吸虫引起的，许多人因此死亡。1949 年以后，在政府的领导和组织下，人民群众通过治理生态环境、消灭传播血吸虫病的钉螺，逐渐根除了血吸虫病的传染链。1958 年，《人民日报》报道了江西省余江县基本消灭血吸虫的消息，毛泽东主席闻之欣喜不已，挥笔写下了《七律二首·送瘟神》。

七律二首·送瘟神（其一）

绿水青山枉自多，华佗无奈小虫何！
千村薜荔人遗矢，万户萧疏鬼唱歌。
坐地日行八万里，巡天遥看一千河。
牛郎欲问瘟神事，一样悲欢逐逝波。

（其二）

春风杨柳万千条，六亿神州尽舜尧。
红雨随心翻作浪，青山着意化为桥。
天连五岭银锄落，地动三河铁臂摇。
借问瘟君欲何往，纸船明烛照天烧。

另一个造成极大危害的寄生关系实例发生在北美洲和西欧。20 世纪末以来，随着全球化进程的加快，亚洲一些发展中国家成为“世界工厂”，那里的货物源源不断地运往世界各地，尤其是西欧与北美洲的发达国家。前些年，欧美国家突然发现他们国内的许多“硬木”（阔叶树）城市景观树及野外森林出现大面积死亡。

后来，科学家研究发现，来自亚洲的木制品（如家具）及货物集装箱里包装大宗货物的木条里，含有光肩星天牛（别名“亚洲长角天牛”）蛀入后留下的幼虫或虫卵，这些幼虫或虫卵发育为成虫后，成了西欧与北美洲的“外来入侵物种”。光肩星天牛的危害极大，虽然它们对人类和动物“无害”，但是对城市的阔叶树及森林的杀伤力巨大。据估算，自20世纪末光肩星天牛入侵北美洲以来，它们造成的城市风景树死亡数量达总数的12%～61%，由此带来巨大的经济损失。

如上所述，生态系统里的所有生物都息息相关，从严格的生态学意义上说，真正独立生存的生物个体实际上是不存在的。生物间相互依存的共生关系决定了整个生态系统“牵一发而动全身”。每一个物种、每一个生物个体都不是孤立存在的，每一个物种的变化都有可能影响整个生态系统的平衡状态。

同时，生态环境与物种是不断变化的，这也正是生物演化大戏不停上演的“源头活水”。在下一章里，我们将讨论生态平衡与生态演替的相关问题。

○ 光肩星天牛

“僵尸蚂蚁”

木蚁（莱氏弓背蚁）感染了偏侧蛇虫草菌。这种真菌通过释放化学物质来影响蚂蚁的行为，使其成为“僵尸蚂蚁”。在生命快要终结时，“僵尸蚂蚁”会爬向叶子，死死地咬住叶子的中央叶脉，为真菌的生长提供适宜的环境。“僵尸蚂蚁”死后，寄生真菌会从它的头部长出来，并把孢子散落下来，准备感染其他蚂蚁。

如果说地球是一个“巨无霸”有机体，那么，整个地球的生态系统就像人体系统一样，也要保持一种“动态平衡”状态才行。实际上，在大自然中确实如此。正是这种平衡带来了自然界的和谐与繁荣。在人类社会中又何尝不是这样呢?

本章主要讨论：地球生态系统是怎样保持平衡的？这种平衡的生态系统在30多亿年的生命演化史上又是如何逐渐演替的？最后，我们通过红海龟的故事，了解它们的生存境遇及保护珍稀生物的重要性。

三　生态平衡与生态演替

生态系统是如何保持平衡的

健康的生态系统是竭力维持着微妙平衡的自然环境，置身其中的所有生物都有机会生存与繁衍。由于不同物种之间及它们与其周围的物理环境之间存在极其复杂的关系，只要其中某一物种的种群数量发生变化，就会影响整个生物群落乃至整个生态系统。

保持整个生态系统的平衡谈何容易！

用跷跷板做比喻也许更容易理解。保持生态系统的平衡就像让一个跷跷板保持平衡。比方说，跷跷板的一头安放着该系统（简称“供给方”）所有动物的食物资源、生存空间与居所，跷跷板的另一头代表该系统中的所有动物（简称“需求方”）。如果供给方这边的资源能够满足另一边需求方的需求，那么跷跷板就可以保持平衡，但如果需求方这边挤上去更多的动物，那么供给方就没有足够的食物、空间和居所来满足对方的需求，结果需求方这边的跷跷板会被压下去，另一边就会升起来——跷跷板的平衡就被打破了。

○ 生态系统的“跷跷板”

跷跷板的比喻同样适用于植物。因为植物生长也需要阳光、水及土壤中的各种矿物质养分，而且同样需要生长空间——当一块农田里的庄稼长得过于拥挤的时候，农民就要间（jiàn）苗（拔出一些秧苗），给剩下的秧苗留足生长空间。同样，树林里的小树苗也不是都能长成大树，因为空间是有限的。像牛等吃植物嫩叶的动物，会吃掉很多小树苗，相当于替那片树林“间苗”——这也是帮助生物群落保持生态平衡的一种方式。

事实上，所有生物都在一定程度上帮助维持生态系统的平衡。比如在草原生物群落中，兔子吃草，使草不至于疯长，以免占据其他植物的生存空间；狐狸捕食兔子，使兔子的种群不会无限膨胀，以免把草地啃得光秃秃的。草与其他植物为动物们提供它们需要的氧气和食物。

食物链上各种动植物互相依存与相互制约的复杂关系维系了生态系统的自然平衡。

像前文草原生物群落的例子一样，很多生态系统都能在相当长的时间里保持比较稳定的平衡状态（除非发生很大的气候变化或其他自然灾害等）。然而，这种平衡状态不是静止的，而是一种动态平衡。

处于动态平衡的生态系统也一直发生变化。比如新的生物不断诞生，它们都有生老病死的过程，死亡后会被微生物分解，重新回归土壤。这些自然变化实际上帮助了生态系统保持平衡——因为很多变化是互相抵消的。

整个自然界（包括各个生态系统）的物质都在不断循环。比如湖泊、池塘和土壤中的水会蒸发，然后通过降雨和下雪得以补偿；生态系统中的动物使用和消耗氧气，同时植物不断生长，通过光合作用释放氧气，这些氧气重新回到生态系统中去弥补动物的消耗。

在处于动态平衡的生态系统中，上述变化通常是相对缓慢的，不是非常剧烈或突然发生的。一些物种的种群在增大，另一些则在减少，食物链随之变化。此外，生态系统具有相当强的自我修复能力，当一种病虫害袭击森林后，一些树会死亡，另一些具有抗病能力的树会幸存下来，最终该物种会慢慢恢复过来。即便这一物种的树不幸灭绝了，也会有生态习性相似的不同树种取代其位置。

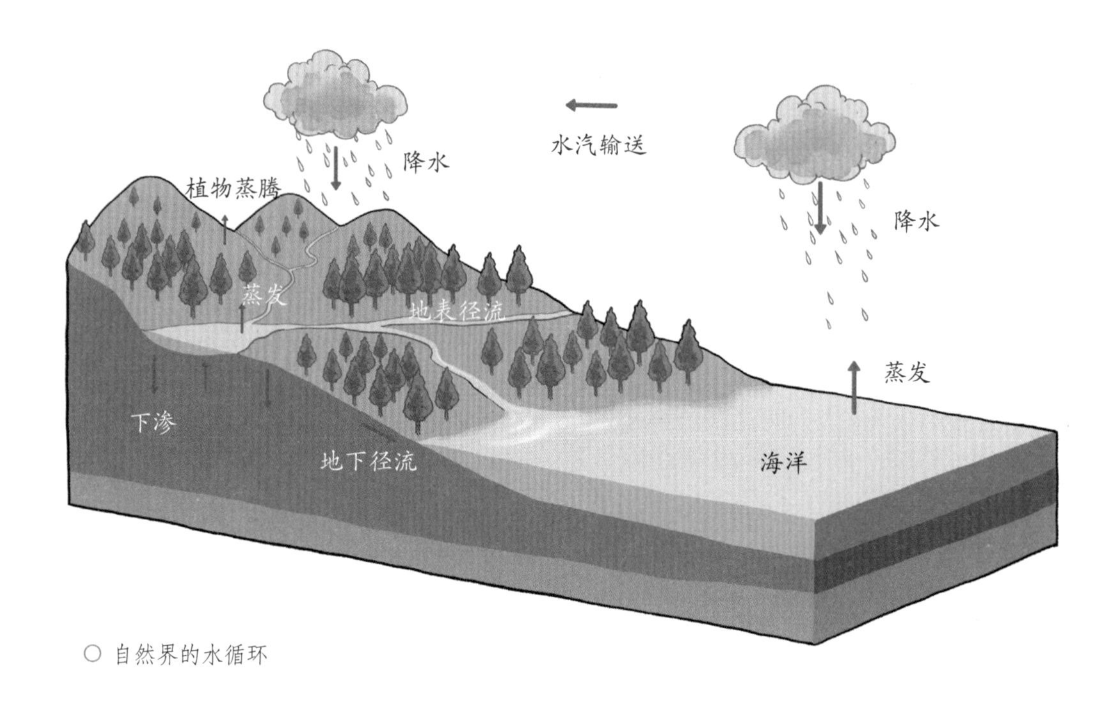

○ 自然界的水循环

一般来说，一个生态系统中的生物多样性越丰富，越容易长期保持该系统的生态平衡。因为物种数量越多，它们的关系越复杂，如果其中有的物种消失了，就更可能有生态习性相似的物种来替补。

在能够长期保持动态平衡、气候适宜的生态系统中，生物多样性似乎也不断得以丰富，可以说是“国泰民安”在自然界的反映。反之，在极地、沙漠和苔原等气候条件恶劣的地区，生物多样性的丰富程度相对低一些。只有生态系统保持长期稳定的平衡状态，生活在其中的生物物种方能“安居乐业”、繁荣兴盛。

生态演替

受自然和人为因素的影响，自然环境总是随着时间推移而不断变化，这些变化可能是渐变，也可能是突变。自然环境的变化，必然影响整个生态系统及其中的生物。

随着气候的变迁，眼下的一片湖泊将来很可能逐渐演变成一片沼泽地（湿地），原来生活在湖泊里的鱼类和其他水生动植物也会逐渐消失，替代它们的是适合湿地生活的昆虫、鸟类、爬行动物及沼泽植物与小型灌木。再过若干年，气候变得更加干旱，这片湿地接受了更多的沉积物，土壤变得越来越坚硬，能够支撑乔木生长了。松树、柏树、山核桃树、橡树等慢慢地在这里扎根、生长，这片原本是湖泊的地区在遥远的未来将变成一片茂密的森林，里面生活着与之前完全不同的森林动物群。这一系列环境与生物群落的变化过程，称为生态演替（更替）。

上述环境变化与生态演替通常是十分缓慢的渐变过程，需要数千年、数万年乃至几百万年的沧桑变迁。对于这类变化，古生物学家是最了解的。

古生物学有一门分支学科是古生态学，研究者利用化石记录研究地球历史上的生态演替，通过这些研究重建一个区域的古气候与古环境。

在早年的小学语文课本里，有一篇课文《黄河象》，里面描写的黄河象化石发现于甘肃省合水县马莲河畔的河口工地上，这在当时（1973 年）是颇为轰动的古生物发现——黄土高原上发现了大象化石！大象怎么能生活在西北的黄土高原上？这不是天方夜谭吗？

为了向广大人民群众普及科学知识，专家专门摄制了科普电影《黄河古象》，讲述了古气候与古环境的沧桑巨变。原来，300 万～200 万年前的甘肃处于亚热带，很多大象（剑齿象）生活在那里，像今天的西双版纳一样。科学家根据古生物化石信息，重建古气候、古环境与古生态图景，将其与今天该地区的生态系统进行比较，便能了解这一地区生态演替的过程。

自然干预（如雷电引起的大面积山火、强烈地震、火山喷发等）造成的生态演替也可能是个“突变”的过程——发生在人的一生可以亲历的时间尺度上。

1980 年 5 月的一天，位于美国西北地区华盛顿州的圣海伦斯火山突然爆发，四周所有的生物（包括花草树木和各种动物）葬身火海，毁于一旦。原本绿色的森林、美丽的山野变成一片焦土，厚厚的火山灰覆盖了十几平方千米的地表，一眼望去，像月球表面一样光秃秃的，没有一丝生机——先前郁郁葱葱、遍布各种动物的森林生物群落被这场灾难一扫而光。

圣海伦斯火山爆发

1980年，圣海伦斯火山连续大爆发，最猛烈的一次发生在当地时间5月18日，喷出大量火山灰和熔岩，继而发生土崩，并形成巨大的马蹄状火山口。火山泥浆洪流对附近地区农林业造成严重的破坏，是美国近代最大的一次火山爆发。

○ 柳兰（又称“火烧兰”）

谁也没有想到，唐朝诗人白居易的名句“野火烧不尽，春风吹又生”竟然在这片焦土上应验。

在这场自然灾难发生数月之后，生态学家惊奇地发现，这片土地开始重新焕发生机：先是柳兰及其他一些灌木植物的根（没有被完全烧死）悄悄地从火山灰层缝隙下冒出了新芽。接着，这些植物吸引来一些昆虫（如喜食柳兰花蜜汁的蚜虫等），一旦昆虫现身，鸟儿也陆续飞来了。布满火山灰的地面上，还出现了一些爬来爬去的蜘蛛。这些小动物死后，尸体被分解成肥料，使火山灰层慢慢变得肥沃起来，成为更有利于植物生长的土壤。后来，又出现了灌木，灌木会吸引周边有蹄类哺乳动物（如鹿类）来访，它们的蹄子踩破外表坚硬的火山灰层，使底下的种子和新芽更容易破土而出。

这些动植物出现后，它们的互动关系再度建立起来，并日益加强，整个生态系统启动了新的动态平衡过程。

如今，四十多年过去了，火山爆发后死气沉沉的废墟上又变得鲜花满地、灌木丛生、树木成林。生态学家一直用这一案例研究生态系统自我修复的秘密。

与自然干预相比，由人工干预（如开山修路、开渠筑坝、核泄漏等）造成的生态演替，通常是“突变”的过程。一些大型水利工程不可避免地会影响甚至改变当地的生态系统，这类生态演替的过程是人们在有生之年可以观察到的。

总之，生态演替既没有固定的规则可循，也没有必然的最终结果，它是一个不断变化、随机调整的动态演化过程。生态演替过程时间跨度的差别也很大，短到几年或几十年，长则几百年甚至几百万年。预期的演替方向会受气候变化、外来物种迁入等因素影响。

在所有干扰因素里，人类的干预对生态系统的影响极为严重，并且往往令生态系统难以自我修复，除非人类自觉改变自己的生活与行为方式，停止大规模破坏自然环境及干扰生态平衡。

在下一节里，我们将通过红海龟的故事，讨论珍稀动物保护的话题，进一步理解生态系统平衡的问题。

恢复生机的圣海伦斯火山

1989 年，美国建立了圣海伦斯山国家火山保护区，通过人工努力加自然修复，生态逐渐恢复，曾经一片荒芜的废墟上又变得生机勃勃。

红海龟的故事与珍稀动物保护

2022年10月初，《南方都市报》的一则新闻引起中国一些生物学家和动物保护人士的注意：浙江沿海的一名渔民在海上捕鱼时，捕捞到一只巨大的红海龟。这名浙江渔民辨认出它是国家保护物种红海龟，立即将其放生。

相关视频发布到网上后，引起大家的关注。它一方面让大家有机会一睹国家一级保护野生动物红海龟的尊容，另一方面提高了人们对珍稀（包括濒危与易危）野生动物的保护意识。

濒危物种在各种因素的威胁下，种群数量已经很少，处于危亡状态，比如蓝鲸。

易危物种的种群数量也明显下降，即将成为濒危物种，比如大白鲨。

几天后，华东师范大学生命科学学院的专家通过鉴定该视频图像，确认被误捕的大海龟是红海龟。

红海龟是一种海洋爬行动物，跟我们熟悉的乌龟和鳖同属于爬行纲里的龟鳖目，只不过红海龟的个头特别大：其体长一般在100～200厘米，体重平均约140千克，有些可重达400～500千克。海龟属于大型海洋爬行动物，用肺呼吸，卵生，背腹两面有骨板组成的甲壳，以保护其身体。

○ 红海龟

幼龟的龟壳像旧皮革一样柔软，连大一些的鱼都能一口把它咬开。因此，刚孵化的红海龟“卧薪尝胆”——居住在漂浮的马尾藻团里或隐藏在其他海草之下，以防被鲨鱼和其他大鱼袭击。出生一两年之后，幼龟渐渐“羽翼丰满”——身体已经有盘子那么大了，龟壳坚硬如盔甲，头部也变得异常坚硬。这时候，它们不再是大鱼口中的点心了。此时，它们可以跟成年龟一起移居到大陆架及浅海、河流入海口一带，以小鱼、小虾、寄居蟹、螺、蚌等小型海洋生物及藻类与海草为食。

海龟在全球广泛分布。红海龟是其中的一种，也是全球单一物种，在太平洋、大西洋、印度洋及地中海均有分布，我国的东南沿海也有它们出没的身影。

大陆架是大陆在海里自然延伸的部分，地形通常比较平缓。

红海龟主要生活在温水海域，尤其是大陆架一带，经常出没于珊瑚礁中，有时也进入海湾、潟（xì）湖及江河入海口地带。它们一生大部分时间都游弋于浅水海域和外海，除了雌龟短暂筑巢和产卵时，它们很少上岸。一般来说，只有海水涨潮时，它们才会小心翼翼地上岸，一旦有风吹草动，便迅速掉头返回大海。

红海龟是海洋中的“旅行家”，为了寻找丰富的食物和安全温暖的水域，它们四处游荡。红海龟能长途旅行到数千海里之外，且不留行踪。只有在十分凑巧的情况下，你才有可能一睹它们的“芳容”。

据报道，红海龟游荡数千海里之后，若干年后会返回出生地（母亲的产卵地）。

大海茫茫，一望无际，表面看起来是一片汪洋，没有地标指引，海龟是如何准确回到出生地的呢？

有的科学家推测，海龟体内可能有一种可

利用地球磁场的“体内导航系统”，同时它们能参照海流方向及不同时期的水温变化等因素来不断校正航向。此外，还有科学家怀疑，海龟可能具有一套特殊的“记忆”系统——能够记住出生地海水的味道以及海浪的声音。近年来，有研究发现，海龟确实能利用地球磁场来导航，但关于它们如何导航的细节还有待继续研究。如果能揭示出这些特殊能力的内在机理，无疑是十分重大的科学发现。

为了繁殖后代，海龟会筑巢。它们通常选择在沙滩上海水涨潮时不会冲刷到的地方修筑巢穴。

○ 雌红海龟在沙滩上筑巢

从海里爬上岸，对海龟来说是一趟充满危险的旅程：它们在海滩上缓慢爬行、步履维艰，眼里不时流出咸咸的“眼泪”，使沙子不至于进入眼里。万一被其他大型动物（尤其是人类）看到了，就有被袭击或捕获的风险。如果天气太热、沙滩上的沙子温度太高，它们也会“中暑”甚至热死。所以，它们通常在气温较低的夜间爬上岸筑巢，产卵后便匆忙返回海洋。

在繁殖季节，雄龟通常会蹲守在海滩边，尤其是沙丘或岩礁附近，等候准备产卵的雌龟来临，以便跟它们交配。每隔两周左右，雌龟会来到沙滩上产一次卵。雌龟从水里爬上沙滩后，先用桨状的后肢扒开表层的沙子，然后扒出一个深坑，在坑里产卵。红海龟卵的大小、形状和颜色都跟乒乓球差不多，一窝常常产 100 多枚卵。

○ 红海龟的卵

雌龟产完卵后，会把产了卵的坑和巢穴用沙子盖好，以免“窃蛋贼”来偷吃。这一切完成后，雌龟再选一条与来时不同的路径，慢慢地爬回海里。

在整个繁殖季节，雌龟会在巢穴附近的水域待上好几个月，在此期间，每隔半个月左右它们会返回沙滩，重复筑巢4～7个。红海龟一般在开阔的沙滩区域或小沙丘的顶部筑巢，尤其喜欢在长草的沙丘附近筑巢，使巢穴得到地势的掩护。

深埋巢穴里的龟卵相对安全，它们借周围沙子被日光照射产生的热量而慢慢孵化。幼龟在蛋里逐渐长大，数周后，在夏日结束之前，幼龟便破壳而出。

○ 小海龟破壳而出

有趣的是，刚孵化的幼龟似乎本能地知道：周围有虎视眈眈的敌人（比如海鸟及其他动物）在等着吃它们。所以，它们通常选择天黑后才向大海方向爬行，回家——回归它们天然的生态环境！然而，如果沙滩不远处有海景房的灯光及路灯，就会把这些小家伙弄得晕头转向、不知所措，甚至会向灯光的方向（与大海相反的方向）爬去……

海龟的肉和卵都可食用，传统观念认为，它们身体的很多部位有治病或保健功能。因此，海龟成了人类乱捕滥杀的对象。人类连龟卵也不放过，撒网捕龟及滥挖龟卵曾经是沿海渔民的日常生产活动。

在过去几十年，世界范围内海龟的数量急剧下降，引起科学家及野生动物保护人士的高度重视。红海龟作为易危物种，被列入世界自然保护联盟《濒危物种红色名录》，2021 年又被列入中国《国家重点保护野生动物名录》的一级保护动物，成为“海洋中的大熊猫”。

正是由于国家的高度重视，有关部门加大对保护珍稀动物重要性的宣传教育，才有了前面报道的一幕——浙江渔民在无意中捕获一只红海龟后立即将其放生。这说明，普通百姓保护濒危野生动物的意识在不断加强，这是令人十分欣喜的事情。

古生物学家的研究显示，现代海龟可能是从生活在白垩纪的海龟祖先演化而来的。也就是说，红海龟的祖先曾经跟恐龙在一起生活。

红海龟是海洋生态系统中的重要一员，长期以来，它们跟其他海洋生物建立起极其复杂的相互依存关系。因此，我们决不能眼看着它们走向灭绝！

近年来，随着地球上生态危机的加剧，“保育（护）生物学”应运而生，迅速发展。这门学科的目标是应对人类活动带来的自然环境破坏，旨在深入了解人类活动对生物物种、栖息地及自然生态的负面影响，为避免物种灭绝及生态系统崩溃而寻求对策。在接下来的一章中，我们将深入讨论这方面的问题。

人类出现在地球上仅有700多万年的历史，我们智人这一物种的存在也只不过20万年左右。我们对于历经30多亿年演化而来的地球生态系统所施加的影响，却是地球历史上任何其他生物物种都难以比肩的——连曾经不可一世的恐龙也相形见绌。

在本章中，我们将简要讨论人与自然环境的关系、生态足迹以及地球自然资源保护等问题。这不只是科学问题，还是十分复杂的社会、人文及道德伦理等方面的问题。环境保护与保护生物学必将成为21世纪最重要以及最具挑战性的研究领域之一，因为它们直接关系到我们人类自身的命运！

四　生态足迹与自然资源保护

人类与自然环境

地球上现有的人类都是智人。智人在约100万年前由东非直立人演化而来，在大约20万年前演化出现代人。

像地球上所有生物物种一样，智人作为一个物种，跟自然环境也有千丝万缕的联系。达尔文的生物演化论告诉我们：人类自身即自然的产物，是从低等生物演化而来的。我们是自然的一员，无时无刻不与自然环境保持着密切的互动关系。人类与自然环境是紧密相连的。

事实上，我们呼吸的空气和饮用的水都来自自然环境；我们衣食住行中的任何方面都离不开自然环境提供的资源。我们的一日三餐来自动植物制品，其中大部分动植物生存在土地上；我们居住的房屋，其建筑材料来自森林中的树木及从地下开采的矿物；我们穿戴的衣服鞋帽由动植物材料制作，或是由石油及其他矿物加工提炼的化纤制品制成；我们乘坐的交通工具，其加工制造和运行过程也离不开各种自然资源。因此，离开自然环境及其提供的资源，我们连一秒钟也无法生存！

与其他生物物种不同的是，人类具有大规模改变自然环境的能力，从而可以满足自己的欲望和需求。人类自诞生以来，一直在改造大自然。为了修建房屋，人类滥伐树木；为了开垦农田、筑路和修坝，人类大面积地破坏原生态环境；为了提高农作物产量或消灭农业病虫害，人类大量使用化肥和农药，严重污染土壤和水源。当我们如此大规模地改变环境时，我们往往也严重地破坏了自然环境，打破了地球上原有的生态平衡。

我们制造与消费生活用品会产生大量垃圾和废物，这对自然环境的污染和破坏同样不可小觑。这些废物会污染我们呼吸的空气、饮用的水及吃的食物。人类在生产与生活中常常向空中释放烟雾、灰尘及有害气体，尤其是汽车尾气及工厂排出的废气，它们含有十分有害的化学微粒。这些化学物质不仅对人体有害，而且对动植物有害，对地球上的所有生命都造成严重威胁。

○ 工厂大烟囱释放的废气会造成严重的空气污染。

人类对自然环境的影响

空气污染在发展中国家和发达国家都是非常严重的问题。随着全球化进程加快，发达国家将越来越多的污染严重产业转移到发展中国家，致使后者成为“世界工厂”。

发达国家人均消耗的能源远远超过发展中国家，主要能源来自石油、煤和天然气。这些化石燃料在燃烧过程中会释放大量的污染物质（含氮、硫等的化合物的气体及烟尘微粒）到空气中，这一过程在生态学上称作“排放”。

术语

化石燃料是埋藏在地下和海洋中的不可再生资源，包括煤、石油、天然气、油页岩、海底可燃冰等。

无论是汽车尾气排放还是工厂废气排放，均污染了原本清洁的空气，污染的空气对动植物和人体都十分有害。此外，无论多么“清洁”的化石燃料，在燃烧过程中都会产生二氧化碳。这些二氧化碳在大气圈里累积，长此以往，会产生温室效应。

在很多地方（尤其是车辆众多的大城市），排放到空气里的污染物与天空中的雾气混合在一起，会形成雾霾。前些年，我国的一些大中城市也出现过雾霾现象，当地政府不得不实行车辆限行措施，以减轻或消除雾霾对人民群众生活的不利影响。雾霾常会引起眼睛不适（因受污染物刺激），并引发呼吸道方面的问题。当室外雾霾严重时，患有心肺基础病的群体最好待在家里不出门。

空气污染造成的另一环境问题是酸雨。空中的水汽与空气污染物里的氧化硫、氧化氮等化合物混合在一起，便形成酸雨。酸雨会腐蚀房屋、纪念碑、高楼大厦等建筑物及影响土壤、动植物。酸雨降落到河流与湖泊里，也会污染这些水体的水环境，从而危害生活在其中的水生生物。

和空气一样，地球上的水也是非常重要的自然资源。俗话说："鱼儿离不开水，瓜儿离不开秧。"人类也离不开水：我们需要喝水，用水做饭，清洁身体和衣物；农民种地和工厂生产也离不开水；很多体育运动（如游泳、跳水、赛艇）和休闲活动（如钓鱼、泛舟、观潮）也离不开水。因此，人类喜欢近水而居，很多城市是以江河湖海为邻而建的；世界上的几大古老文明也是以大江大河流域为发源地的，比如长江、黄河、恒河、尼罗河等流域。

长江第一湾

长江是中国第一大河、世界第三大河，全长6300千米，流域面积约180万平方千米，沿江重要城市有重庆、武汉、南京、上海等。在云南省西北部，长江形成一个唯美壮观的弯曲河湾，堪称天下奇观，人称“长江第一湾”。

水污染是人类破坏自然环境的另一个突出表现。水污染的来源是多种多样的：除了前面提到的酸雨，人们将污水、废弃物等通过排水系统排放到江河湖海中，也会造成水污染。

废水衍生出大量细菌，它们在分解废水、废物的过程中会消耗大量氧气。如果过多的废水、废物流入江河湖泊，细菌便会消耗过多的氧气，致使江河湖泊中的鱼类和其他水生生物因缺氧窒息而死。

废水中的一些化学污染物（如氮、磷等）是一些水生植物的养料，它们流进湖泊之后，湖水里的藻类会疯狂生长，使整个湖面变得碧绿（这种水污染现象称作“水华”）。前些年，太湖地区出现过大面积的水华。这些藻类也会大量消耗水中的氧气，严重破坏湖泊的水环境，导致其他水生动物死亡。

○ 水华

水污染还有其他来源，比如在农业生产和工业制造中产生的废物也常常被以各种方式倾注到水源中。这些废物所含的化学物质通常有毒甚至有剧毒，即便是微量，也可能产生巨大危害。对农田及城市草坪使用的化肥、杀虫剂与除草剂，都会随着风及雨水冲刷流入江河湖海，污染地球上的水体（水圈）。

海上进行石油钻探的油井及运输石油的大型远洋油轮，偶尔也会发生石油泄漏事故。这些石油直接进入海水，不仅污染了海水，而且会导致被石油包裹的水生植物及许多海洋动物死亡，羽毛上沾满石油的海鸟也难以幸免。

○ 被石油包裹的海鸟

还有一种特殊的水污染，称作“热污染”。很多工厂和发电厂需要从江河里抽取冷水用于冷却运转的机器设备，然后将含热废水释放到江河里。这样会把大量的热量注入水环境中，也是一种环境污染。热水的含氧量低于冷水，因而缺氧的热水和较高的水温常常杀死鱼类及其他水生动物。

塑料是人类的伟大发明之一。一方面它可以制成日常生活中常用的包装品、容器和其他器具，给人们生活带来方便的同时，也节省了不少有机材料和金属原材料；另一方面，由于缺乏有效的回收和循环利用体系，在相当长的时间里，塑料在全球造成极大的环境灾难。许多塑料垃圾最终流入海洋，严重污染了水环境。很多海洋哺乳动物死后，腹内还留有塑料制品或塑料颗粒，因为塑料是无法被消化的。

○ 海洋中的塑料污染

土地污染是人类造成的另一种严重的环境污染。二战后，人口急剧增长，对粮食的需求量日益增大。然而，农作物常常受到病虫害的侵扰，尤其当蝗灾泛滥时，粮食可能颗粒无收。农业科学家先后研制出增加农作物产量的化肥和消灭病虫害的杀虫剂，比如滴滴涕（DDT）。

20 世纪上半叶，滴滴涕在世界范围内得到广泛应用，大大提高了农作物的亩产量。但是，这些化学物质在农田里使用不仅污染土壤，而且会被雨水冲刷到水源中，造成严重的水污染。更可怕的是，这些有害的化学物质通过农作物及昆虫、鸟类等，最终进入食物链，危及人类及其他生物的安全，对生态环境造成的危害不可估量。

在 20 世纪 50 年代的美国，农场工人在农田里大量喷洒滴滴涕，人们也在城市的草坪和公园里广泛使用滴滴涕杀灭害虫。

蕾切尔·卡森是一位科学家和科普作家，她注意到：年复一年，鸟儿出现得越来越少，自然也越来越少地听到鸟唱虫鸣了。她开始怀疑，是不是鸟类的种群出现了什么问题。鸟类以虫为食，她发现虫子几乎绝迹了。

走近科学巨匠

蕾切尔·卡森很早就对自然界及写作产生浓厚的兴趣，曾出版“海洋三部曲”（《海风下》《环绕我们的海洋》《海洋的边缘》）及《寂静的春天》，其研究成果和观点体现了她对人类生态环境保护的前瞻性。

经过仔细观察和研究，蕾切尔·卡森发现：滴滴涕逐渐积累起来，进入土壤和水系，然后进入植物（主要是农作物）—昆虫—鸟类（及其他动物和人类）这一食物链，从而破坏了生态系统。比如喷洒在植物上的滴滴涕被虫子吃掉，或者土壤中的滴滴涕被蚯蚓吃掉，然后鸟类吃掉虫子和蚯蚓，鸟类又被其他哺乳动物吃掉。含有滴滴涕残余化学物质的粮食和蔬果也会直接被人类食用。就这样，滴滴涕通过许多条食物链或一张巨大的食物网，毒害了其中的“消费者”。

○ 滴滴涕通过食物链富集示意图

通过这一研究，卡森认识到：自然界的一切都是相互依存的，不明智地使用现代科学技术，不仅会破坏生态系统，而且会危害人类的健康。她决定把这个发现最大程度地告知并警示世人。

卡森是非常优秀的科普作家，文笔优美。她于 1962 年出版《寂静的春天》，用这一方式传递了她所发现的信息。该书很快成为畅销书（至今长盛不衰）。不久，美国国会通过了法案，禁止使用滴滴涕。其后，很多国家相继明令禁止使用滴滴涕。

卡森不仅成为环境保护的“吹哨人”，而且使人们认识到生态系统是如何运作的以及保护生态环境是何等重要。《寂静的春天》成为 20 世纪科普著作的不朽经典之一。

The history of life on earth has been a history of interaction between living things and their surroundings. To a large extent, the physical form and the habits of the earth's vegetation and its animal life have been molded by its environment. Considering the whole span of earthly time, the opposite effect, in which life actually modifies its surroundings, has been relatively slight. Only within the moment of time represented by the present century has one species—man—acquired significant power to alter the nature of his world.

During the past quarter century this power has not only increased to one of disturbing magnitude but it has changed in character. The most alarming of all man's assaults upon the environment is the contamination of air, earth, rivers, and sea with dangerous and even lethal materials. This pollution is for the most part irrecoverable; the chain of evil it initiates not only in the world that must support life but in living tissues is for the most part irreversible. In this now universal contamination of the environment, chemicals are the sinister and little recognized partner of radiation in changing the very nature of the world—the very nature of its life. Strontium 90, released through nuclear explosions into the air, comes to earth in rain or drifts down as fallout, lodges in soil, enters the grass or corn or wheat grown there, and in time takes up its abode in the bones of human being, there to remain until his death. Similarly, chemicals sprayed on croplands or forests or garden lie long in soil, entering into living organisms, passing from one to another in a chain of poisoning and death. Or they pass mysteriously by underground streams until they emerge and through the alchemy of air and sunlight, combine into new forms that kill vegetation, kill cattle, and work unknown harm on those who drink from once pure wells. As Albert Schweitzer has said, "Man can hardly even recognize the devils of his own creation."

——Rachel Carson, Silent Spring

地球的生命史即一部生物与其周围环境互动的历史。在很大程度上，地球上动植物的自然形态与习性皆是由环境塑造的。相对于漫长的地球历史，生命对环境改造的反向效果实际上是微不足道的。只是进入以本世纪为代表的近代之后，生命的新物种——人类才获得改造大自然的非凡能力。

在过去的四分之一世纪里，上述力量不仅增长到令人震惊的地步，而且已经发生了质的变化。在人类对环境的所有破坏方面，最令人震惊的是空气、土地、河流与大海被危险（乃至致命）物质污染了。在很大程度上，这种污染是不可修复的。这一罪恶的链条不仅束缚着生命赖以生存的世界，而且祸及生物组织内部，对后者的伤害基本上是无法逆转的。目前在环境被普遍污染的情势下，从改变大自然本性及生命本性的意义上来说，化学药品既是元凶，也是放射性物质的帮凶（只不过很少引人注意罢了）。核爆炸中释放出来的锶90，伴随着降雨或放射性落尘埋入土壤里，进入生长于其上的草、玉米或小麦里，并适时地侵入人的骨头，直到此人死亡为止。同样，喷洒到农田、森林或花园里的化学药品也会长期留存于土壤中，进入生物体内，并在中毒和死亡的链条上逐次传递。此外，它们随着地下水系神秘地流动，直到再度浮现并在空气与阳光的作用下合成新的物质形式，继续灭杀植被、残害家畜，并令那些饮用不再纯净的井水的人们，蒙受无从知晓的危害。正如阿尔贝特·施韦泽所言："人们几乎很难认识到自身创造出来的恶魔。"

——蕾切尔·卡森《寂静的春天》节选（苗德岁译）

有一种“恶魔”隐藏在我们日常丢弃的垃圾中，成为土地污染的重要来源。

据统计，在发达国家，平均每人每天会丢弃两三千克垃圾。这些垃圾大多被埋在大地土壤层下、人工建造的垃圾填埋场里。同样，工厂丢弃的工业废料和垃圾大多也被埋进垃圾填埋场。这

些都给土地和环境带来极大的污染，尤其是工业垃圾常常含有许多化学废物，它们属于“危险废物”，对环境的危害比一般生活垃圾的危害更大。这些危险废物往往有毒，会引起疾病，还会引发火灾，甚至会与其他物质产生化学反应。总之，它们对动植物和人类的危害极大。

鸟瞰垃圾填埋场

垃圾填埋目前依然是我国大多数城市解决生活垃圾问题的主要方法。垃圾渗滤液是垃圾填埋过程中产生的二次污染，也是地下水的污染源之一，给人体健康带来巨大风险。随着城市发展、人口增长和生活水平提高，我国的城市生活垃圾量日益增长，垃圾的安全处置成为日益紧迫的任务。

露天采矿也会带来严重的土地污染。推土机推走了表层土壤，造成水土流失；挖掘机挖完煤（或其他矿石）之后，会留下一个个巨大的矿坑。矿坑四周的土地开始塌陷、剥落，成堆的土壤和碎石被雨水冲刷进附近的水体……这些都严重地破坏了周围的环境与生态系统。

正如蕾切尔·卡森指出的，人类改造大自然的能力是非凡的，人类对环境和生态系统的破坏及对自然资源的滥用也是史无前例的。

人口增长、生态足迹与自然资源保护

正因为人类对生态环境的影响如此巨大，生态学里至少有两个分支学科是专门研究人类与生态系统关系的，比如“人类生态学”和“城市生态学”。

在前一章，我们比较了人类与其他生物物种对自然环境与生态系统施加的不同影响。一方面，每一个物种都会对周围环境和生态系统产生影响（因为其自身就是该环境与生态系统的组成部分并与其他物种相互依存），在这一点上，人类与其他物种其实没有本质上的差别。另一方面，跟其他物种相比，人类对环境与生态系统的影响有数量级的差别。

首先，人类的扩散和增长速率是惊人的：从“走出非洲”到扩散、定居在几乎全球每一个角落；从最初非洲大陆上星星点点的一些小部落，到目前总数突破80亿的全球人口。其次，除了“基因演化”，人类加速了“文化演化”的进程，而其他生物物种的演化依然主要靠“基因演化”。

从人类生态学的角度看，人类的文化演化对自然环境及生态系统的影响是其他生物物种不可比拟的。其他生物物种利用的是地球上的“可再生资源”（包括生物资源与太阳能、风能、水能等），人类不仅使用“可再生资源”，而且使用大量的“不可再生资源”（包括化石燃料及岩石矿物资源）。

在资源使用及对环境施压方面，人类远远超过地球历史上的其他物种。曾不可一世的恐龙也没法儿跟我们相比——当然，这丝毫不值得我们骄傲。我们应该深刻地检讨，竭尽全力地爱护自然环境，善待其他生物物种，维护生态平衡。

在人类演化史上，我们首先是自身环境的改造者，既改造了自己的栖息地，又影响了与我们密切接触的其他生物物种。然后，随着人口快速增长，为了开发更多自然资源来满足人类日益增长的需求，我们开始改造人类栖息地以外的环境，进而危害原本距我们较远的生物物种。

据科学家估算，在人类诞生后的第一个百万年间，人口增长率接近0，由于当时的人口基数很小，这几乎是可以忽略不计的零增长。在这一阶段，无论是直立人还是智人（我们自身）都是狩猎采集者，也就是说，那时的人类靠打猎和采集野果、野菜生存，利用的都是可再生资源。那时候，我们的祖先局限在其栖息地的小环境中，他们基本上属于地方性小生态系统的一部分，对大环境和整个生态系统的改造和负面影响微乎其微。

○ 智人的石器与骨器

人类学会制造和使用石器后，他们的狩猎效率大为提高；“狩猎采集文化”对环境的改造及对生态系统的干预虽然不能跟现代人类相比，但也“初露锋芒”。十几万年前，智人开始对环境产生更加深远的影响。

在冰河时代，欧洲和北美大地上生活着许多大型哺乳动物，如披毛犀、猛犸象、乳齿象、剑齿虎、美洲狮、美洲水牛等。

一些古生物学家认为，这些大型哺乳动物直到8000多年前依然存在，后来由于人类的滥捕猎杀、气候变化及农业革命带来的栖息地被破坏等，许多大型哺乳动物随着冰期结束而灭绝。古生物学家根据这些动物留下的化石，史前考古学家通过古人类洞穴遗址内的精美壁画，了解到这些灭绝动物的面貌及它们存活时的生动形象。

大约一万年前，随着农业革命的发展，我

○ 冰河时代的猛犸象及其他动物的复原图

们由居无定所的狩猎采集生活，开始走向安居乐业。人类的祖先开始垦荒种地，把野生植物驯化成农作物，把野生动物驯化为家养动物。他们离开天然洞穴等原始驻地，搬进自己建造的安全、温暖的房屋里。

这种比过去更稳定、更有保障的生活带来人口的大幅增长：在其后 8000 多年的时间内，全球总人口增长了几十倍，而人口的年平均增长率比狩猎采集时期提高了近 100 倍。然而，这与此后相比，可以说微不足道。

近300年前发生的工业革命大大改善了人类的生活水平，医学进步也大大提高了婴儿的成活率，人类开始进入人口急剧增长的时期。20世纪70年代，全球进入“人口爆发式”增长期。

人类（包括现代智人及所有古人类物种）诞生以后，经过几百万年的时间，全球人口总数才达到100万。自那之后，仅到1850年，全球人口总数就达到10亿（指智人物种的个体总数，因为此时其他古人类物种均已灭绝）。1851年至1930年，仅80年间，全球人口翻了一番，达20亿。其后30年间（1931—1960），全球人口又增添10亿，达30亿。从那时起至今（1961年至今），全球人口增加了约50亿——目前全世界人口已突破80亿！

○ 人山人海

回到前面提及的关于保持生态系统平衡的跷跷板比喻，让我们仔细想一下：在过去大约300年间，全球人口的加速增长对跷跷板另一边的地球自然资源该有多么大的影响啊！

一方面，人口高速增长加速了开发、利用及消耗地球不可再生资源的过程；另一方面，人口的增长速度远远超过可再生资源的再生（生态修复）速度。无疑，这使地球的资源环境不堪重负，也使我们目前的生活方式难以为继。

当然，人口增长如此迅猛，也是人类高度智力推动下的“文化演化”造成的。人类改造环境和开发利用自然资源的能力是其他生物物种无法企及的。纵观整个人类发展史，在激烈、残酷的生存斗争中，人类战胜了其他竞争对手，使自己生存与繁衍的机会大为提升。

为了研究人类对自然资源的需求量及人类对环境及生态系统的影响程度，人类生态学家提出“生态足迹”这一概念。生态足迹用以估算一个人或一群人（大到全人类）对自然资源的需求量。

我们需要的可再生资源主要来自动植物，与“生态足迹”相对应的一个名词是“生物承载力”；如果再考虑到不可再生资源，那么相对应的名词就是“生态承载力”。这两种承载力代表生态系统与自然环境对人类资源需求承受能力的估算。

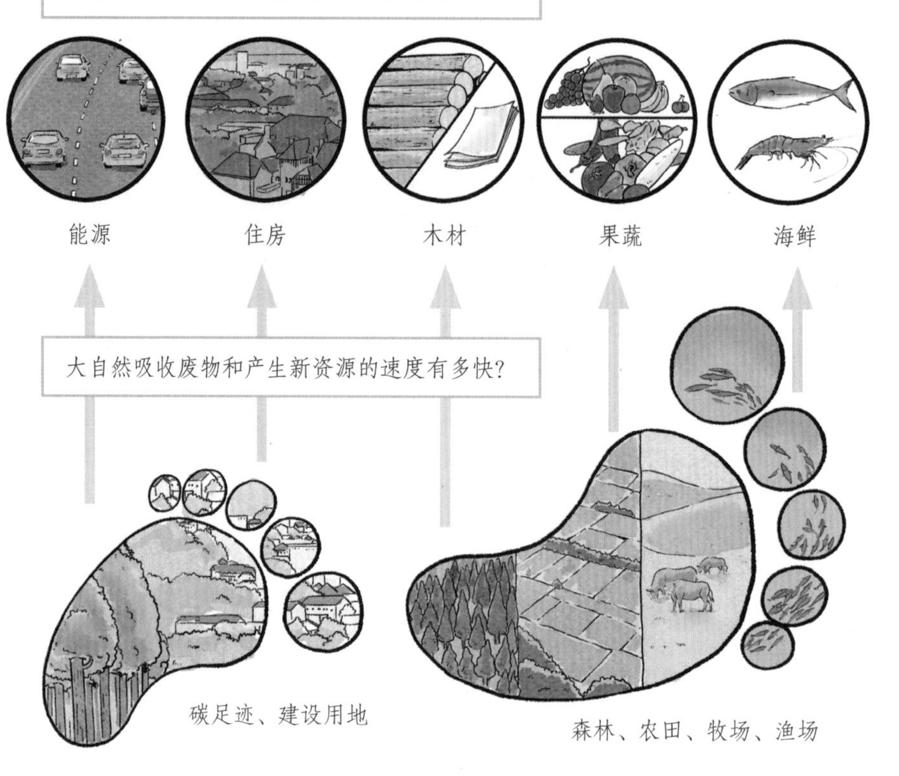

○ 生态足迹

换句话说，生态足迹旨在估算：多大面积的陆地与海洋能满足人类对生产资源的需要，并容纳人类排放的废气和丢弃的废物。这种估算可按个人、家庭、城市、地区、国家乃至全球来进行。

总之，生态足迹用以估算人类对自然资源的需求及生态环境所能提供的资源量，也就是估算我们前面讨论过的生态平衡跷跷板的两边（需求方与供给方）孰轻孰重。如果一个地区的生态足迹超过该地区的生态承载力，那么就出现了“生态承载力赤字”，或称“生态赤字”。

由于全球人口的爆发式增长，生态足迹的估算结果显示，人类对自然资源的开发与利用日渐“入不敷出”，即生态赤字积累得越来越大。面对这种滚雪球式的生态赤字积累，我们该怎么办？

这如同一个家庭、一个单位或一个国家出现财政赤字一样，只能靠“开源节流”来应对。然而，对于“开源”来说，地球只有这么大，除非将来人类实现了向地外星体“移民”的愿景，目前，我们还很难在地球范围内去扩大生态系统或增加自然资源。因此，人类只能最大程度地去保护现有的生态系统和自然资源，能做的主要是通过“节流”这一举措来“保源”：在日常生活中尽可能地节约资源，并身体力行地保护自然环境。

值得人们欣慰的是，近些年来，环境保护（简称“环保”）已经在世界范围内引起了公众、民间机构及各国政府不同程度的关注。不过，回顾过去 100 年，环保运动走过的历程是曲折艰辛的，环保问题依然是人类面临的严峻挑战——未来的环保事业任重而道远。

以美国为例，在欧洲殖民者踏上北美大陆之前，这片土地上居住的土著（印第安人）一直过着简单的农耕生活。尽管部落间的土地之争连绵不断，但他们从不允许土地归个人所有。在欧洲，大部分土地和资源长期被皇室、贵族或教堂占用。欧洲移民来到北美洲后，从土著手中夺取了大部分土地和其他自然资源，原有的农耕社会分崩离析。欧洲的封建制度还未在美国扎根，美国就直接进入资本主义社会。从 19 世纪中叶开始，资本企业成了美国社会的主宰力量及大多数土地和生产资料（自然资源）的所有者。在一些企业资本家眼里，土地与自然环境的长久价值是微不足道的。他们追求的只是眼前利益——如何从土地与自然环境中最大程度地牟利。在这种急功近利的目标指引下，他们不惜滥伐森林，滥杀野生动物，严重污染空气、水与土地资源等。

一百多年前，环保运动在美国悄然兴起。尤其在美国东北部的新英格兰地区，以梭罗等人为代表的一批自然主义者开始创作生态文学，提倡极简主义生活方式，宣传生态伦理与环保意识。

梭罗深受印第安人思想的影响，追求人与自然和谐共处的人生境界。他曾写道："我脚下的大地并非是无生命的、惰性的物质，而是一个有机的身体，并有着精神，其机体随精神的影响而流动。"

梭罗被认为是 19 世纪美国重要的先锋生态学家和环保主义者。他在代表作《瓦尔登湖》中提出，自然是有生命的，也是有人格的。他笔下的瓦尔登湖是一个活生生的社会，松鸡、野鸭、鸫、土拨鼠、松鼠、兔子和狐狸是那里的居民。冬去春来，既是季节的更替，又是生命的循环，更是当地生态系统作为一个自然有机体充满活力的表现。尽管梭罗并没有使用"生态"

○ 梭罗笔下的瓦尔登湖

等名词，但其思想深处无疑与洛夫洛克的盖娅理论不谋而合，并且其提出比后者早了近一个世纪！

以梭罗等人为先驱的早期环保运动，主要注重个人生活方式的自律，有节制地开发利用地球上现有的自然资源。要为子孙后代留下一片片青山绿水和一座座自然资源宝库，重心在一个“保”字上，即“保源”。其结果是推动了政府层面的干预，各国通过一些立法手段及采取相关措施开展环境保护和生物多样性保护，比如建立国家公园、湿地保护区、珍稀动物自然保护区等。在非政府层面，许多社会民间组织（如世界自然基金会等）努力组织和参与各种环保活动。

○ 非洲野生动物保护区

自 20 世纪 60 年代以来，许多有识之士逐渐意识到，上述行动虽然是有益的，但其目标也有局限性。我们应该认识到生态系统的自身价值：维护生态系统本身的完整，保持整个地球生态系统的平衡，才是环保的核心。

人们开始正视人类干预带来的更广泛的问题。环保不能只治标不治本，要从根本上解决问题，比如减少商业用地的开发，避免建立排污性工程和工厂，反对将农田退耕用于盖房子或修筑高速公路，反对被一些利益集团操控的“建设”项目。这标志着现代真正的环保运动开始了。

随之而来的是“保护生物学”这一科学领域的诞生。保护生物学主要研究生物多样性保护及生态系统的保护与修复，这对研究和解决全球生物多样性的破坏等诸多问题十分重要，也为管理与改善生态系统提供了切实可行的解决方案。例如：在现存生态系统中，需要留下多大面积的自然保护区？这是保护生物多样性的核心问题，而生物多样性保护则是环境保护的关键所在。

正如著名演化生物学家爱德华·威尔逊在《半个地球：人类家园的生存之战》一书中指出的，只有将地球的一半归还给大自然的其他物种，拯救它们，才能维持人类的可持续发展。

在整个地球生态系统中，我们与其他生物物种是相互依存的，它们给我们提供各种自然资源。正如古人所言：“唇亡则齿寒”“皮之不存，毛将焉附？”

如果要保持生态平衡，需要拟定什么样的生态系统修复计划——多少（哪些）物种必须立即列入珍稀物种保护名单？在各个自然保护区之间，要留下多大面积的不被人类活动干扰的“安全走廊”以供动物自由迁徙？诸如此类的问题，都要以保护生物学的研究成果来作为制定政策的科学依据。

多年来，全球环保人士经过不懈努力，在一定程度上减缓了自然环境持续恶化及生态系统濒临崩溃的趋势。然而，我们正在面临一个更为严重的全球性生态系统危机以及它所引发的一系列环境挑战。关于这一问题，我们将在下一章详细讨论。

“赤日炎炎似火烧”，大片森林成枯焦。这已成为近年来北美洲、大洋洲等大陆上每年夏季的“新常态”。2023年入夏之初，很多城市白天的最高气温竟达40摄氏度！全球气候变暖不再是环境科学家的预测，而是十分严峻的现实问题。

全球气候变暖给地球生态环境带来的巨大挑战更加不容小觑。如何应对全球气候变暖带来的危机，无疑成了世界各国政府和民众无法回避的问题。通过本章的讨论，希望小读者们从现在起，就对这一问题有十分清醒的认识，因为我们任重道远……

五　全球气候变暖与环境挑战

全球气候变暖及其影响

如今，几乎每个人都对全球气候变暖有切身的感受：每年入夏后，到处热浪滚滚，连一向夏季气候温和的欧洲部分地区，近年来夏季最高气温有时也突破40摄氏度，一些北欧国家也出现“赤日炎炎似火烧”的景象。炎热和干旱引发的山火蔓延至地中海沿岸，高温造成人员伤亡。在澳大利亚，夏季也连续出现高温天气。美国南加州的山火让大片房屋化为灰烬，黄石公园里的山林连烧多日，致使许多森林动物葬身火海。

除了干旱和热浪，全球气候变暖还会引发其他极端气候及自然灾害。例如：强热带气旋频繁发生；印度洋的季风降雨更猛烈，且出现在不同季节；大西洋飓风肆虐，造成极端降雨，引发沿岸

○ 美国西北部气候变暖引起的山火浓烟滚滚

○ 柏林水灾后住宅区留下的狼藉景象

地区洪水泛滥；冬季频繁出现极端寒冷天气；十年不遇甚至百年不遇的旱涝灾害频繁发生，等等。正如一些气候专家指出的，只要全球气温持续上升，极端天气就会继续增加。

全球气候变暖会产生很多不良影响：整个地球暖化，致使更多的永久冻土层融化、冰川消融、南北极冰盖范围越来越小；海水酸化，造成大量海洋生物物种灭绝；海平面不断上升……全球气候变暖也深刻影响到植被和陆生动物，比如被子植物开花和结果的时间提前，野生动物的活动区域改变等。

所有生物群落普遍会受到气候条件的影响，这些条件会影响每个生物群落的分布范围和生态环境。随着全球气候变暖，林木线（林线）及野生动物的分布区域整体向北移动，造成大片寒带

○ 林木线。林木线以内，树木可以正常生长；超过此界线，森林被适应高寒、大风的高山灌木丛和草甸替代。

森林逐渐消失，并使物候期（如植物开花时间或鸟类等动物的迁徙时间）提前。

全球气候变暖对不同动物的繁殖及其种群大小的影响不同——不同物种会对气候变化做出不同的反应。一方面，有些物种受益于全球气候变暖，繁殖率增加，成活率提高，种群扩大；另一方面，有些物种种群逐渐缩小，甚至濒临灭绝。

此外，全球气候变暖使许多野生动物无所适从，气温的异常变化使动物的行动进退失据，比如驯鹿不知道何时该向冬季草场迁徙，如果不及时迁徙，滞留在原先的草场继续啃食，便会破坏栖息地的生态系统平衡。

在整个地球历史上，气候一直在变化。地球经历过气温上升和下降的周期性循环，但这种循环过程非常缓慢。

约 7.5 亿年前，地球进入了一个极不稳定的时期。大陆风化作用清除了空气中越来越多的二氧化碳，致使大气温室效应减弱、地球气温随之下降。白色的冰盖由两极逐渐向赤道延伸，最后，地球变成了一个大“雪球”。全球性的冰期几乎破坏了所有生态系统，只有微生物和一些光合藻类幸存下来。后来，伴随着板块活动，大量火山爆发，火山气体中含有大量二氧化碳，才使地球气温逐步回升，从“雪球地球”恢复为“温室地球”。

○ 约6.4亿年前马里诺冰期的地球想象图

约 2.52 亿年前的二叠纪末期，跟 7.5 亿年前相比，完全是另一番景象：地球上发生了大规模的火山活动（比如西伯利亚火山大规模持续喷发），这次全球气候变暖直接导致地球历史上规模最大的一次生物大灭绝，使地球生物圈遭受了前所未有的重创。

术语

米兰科维奇周期是一种科学理论，由南斯拉夫数学家、天文学家米兰科维奇提出，揭示了地球上冰期气候的出现时间与地球绕太阳运行轨道的变化之间存在关系。

地质历史上的全球气候变化主要由自然因素驱动，包括地球板块运动、火山活动、米兰科维奇周期及太阳活动的变化等，而当前的全球气候变化主要受人类活动的影响。

研究地球气候变化的科学家们收集了大量冰芯（从钻入冰川中的钻孔里取出的冰柱样品）、岩芯（从钻入地下的狭窄钻孔里取出的岩石样品）、树木年轮、冰川长度、花粉残留物和海洋沉积物等方方面面的数据。这些数据显示，温度变化的时间与气候变化的驱动因素密切相关。

全球气候变暖主要发生在工业革命（始于 18 世纪中叶）以后，因而，温室气体可能是气候变暖的最重要驱动因素。换句话说，化石燃料（煤、石油、天然气等）的燃烧是温室气体的重要来源，加剧了温室效应。

温室效应与温室气体排放

温室效应（也称“花房效应”）是大气层中时刻存在的一种自然现象，是“大气保温效应”的俗称。

从太阳输送到地球的能量，约有1/3被云层和地球表面反射向大气层。其余的能量被地球表面吸收，变成热能。反射的能量被大气中的温室气体（如二氧化碳和甲烷）阻挡，留在地表和大气下层之间，使地球气温升高。这种现象称为温室效应。

在温室效应下，大气层就像一条包裹着地球的巨大的毯子。没有它，地球会成为一个大冰窖，生命无法在其表面存活。

太阳辐射主要是短波辐射，如可见光；地面辐射和大气辐射则是长波辐射，如红外线。大气层对长波辐射的吸收力较强，对短波辐射的吸收力较弱。它像覆盖着玻璃屋顶的温室（花房）一样，保存了一定程度的热量，使地球不至于像月球那样，被太阳照射时温度急剧升高，不受太阳照射时温度便急剧下降。

当来自太阳的热能到达地球时，温室气体会将热量捕获在大气中，“温室的玻璃板”也会阻止热量逃逸出去。影响地球的温室气体包括二氧化碳、甲烷、水蒸气、一氧化二氮和臭氧。太阳辐射中，大约有一半通过大气中的这些气体到达地球表面。这种辐射被转化为地球表面的热辐射，并且其中一部分能量被重新辐射回大气层。

温室气体将大部分热能反射回地球表面。大气中的温室气体越多，反射回地球表面的热能就越多。温室气体吸收和释放辐射，是形成温室效应的重要因素。地球表面吸收了大约 48% 的入射太阳能，而大气吸收了 23%，其余部分被反射回太空。自然过程确保了进入和流出的能量相近，使地球的温度保持稳定。

温室气体会吸收并释放红外辐射。由于人为排放，大气中温室气体的浓度增加，地表辐射的能量被困在大气中，无法“逃离”地球。这部分能量又返回地表，被地表重新吸收。

大量的证据显示大气中二氧化碳浓度与气温之间的关系：随着二氧化碳浓度的升高，全球气温上升。自 20 世纪 50 年代以来，大气中二氧化碳的浓度已从大约 280 ppm（百万分率）增加到 2006 年的 382 ppm。2020 年，全球大气中的二氧化碳浓度达到 413ppm，创下过去 200 万年以来的新高。

全球气候为什么会变暖呢?

原因是，大气层中二氧化碳等温室气体急剧增加，大量吸收地面红外线长波辐射，进而使温室效应增强。

○ 人类活动对温室效应的影响

二氧化碳等温室气体大量增加的主要原因有：

1. 人们为了获取能量，大量燃烧化石燃料（煤、石油、天然气等），排放大量温室气体；

2. 为了开垦耕地或建造房屋，人们滥伐森林并破坏草场，使森林、草场的面积减少，森林、草场吸收二氧化碳的能力随之减弱。

人类通过多种方式把二氧化碳和甲烷（两种主要的温室气体）释放到大气中。释放二氧化碳的主要机制是燃烧化石燃料（工业排放及机动车尾气排放等）。自工业革命以来，人类活动（如工厂与机动车排放废气）产生的温室气体浓度明显增加。此外，砍伐森林、制造水泥、发展畜牧业、清理土地和焚烧森林等也是释放二氧化碳的途径。

甲烷（CH_4）是在无氧条件下细菌分解有机物时产生的。当有机物被“困”在水下（如稻田里）或食草动物的肠道中时，会处于无氧环境。甲烷也可以从垃圾填埋场发生的分解和天然气田中释放出来。甲烷的另一个来源是包合物的分解。可燃冰是一种分布于海底的冰状晶体。当水升温或减压时，这些“冰块”分解并释放出甲烷。随着海洋水温的升高，可燃冰的融化速度加快，释放出更多甲烷，导致大气中的甲烷含量增加，进一步加速了气候变暖。

综上所述，人类活动排放的温室气体包裹着地球，捕获太阳的热量，导致全球变暖和气候变化。现在，全球变暖的速度比有记录以来的任何时候都要快。随着时间的推移，气候变

术语

包合物是一种有机晶体。可燃冰也属于包合物，其学名是天然气水合物。

暖正在改变原有的天气模式，破坏自然环境和生态系统平衡，给地球上的所有生物带来诸多风险。

全球气候变暖所造成的影响还包括：

1. 极地冰原融化，加速微生物对有机质的分解，释放出更多二氧化碳。冰川和冻土中封存的大量甲烷等温室气体释放出来，进一步加剧了温室效应。

2. 海平面上升，低洼的沿海地区将被淹没，而这些地区一般是大城市聚集、人口密度大、工业发达的区域。

3. 非正常的巨量降雨（大暴雨）、干旱现象及沙漠化现象扩大等，对水土资源、生态系统及人类活动、生命安全等均会造成重大影响。

如何应对全球气候变暖的危机

为了应对全球气候变暖的危机，各国政府及科学家一直积极寻求对策。目前，大家主要在一“增”一“减”上做努力，即增加温室气体的吸收与减少温室气体的排放。

植物在进行光合作用的过程中，将二氧化碳转化为碳水化合物，并以有机物的形式固定在植物体内或土壤中。所谓生物固碳，就是利用植物的光合作用，提高生态系统的碳吸收和储存能力，从而减少二氧化碳在大气中的浓度，减缓全球变暖趋势。我们知道，造成全球气候变暖的“祸根”有滥伐、焚烧森林，以及绿地面积大幅度减少。如果想增加温室气体的吸收，必须改变现状，做到大面积植树造林、建立森林与绿地生态保护区——这就是生物固碳的思路。

在热带、亚热带海岸地带的海陆过渡区生长着大片红树林，科学家发现，它们能吸收大量温室气体，其固碳能力高出一般陆地森林 2～10 倍（相当于热带雨林的 5 倍）！

红树林是一种奇特的生态系统，它们既能防风消浪、净化海水，又能固碳储碳，还具有非常丰富的生物多样性：红树林里生活着鸟类、昆虫、真菌等丰富的生物物种。红树林在世界上许多岛屿及沿海地区都有分布，比如我国福建、广东、广西沿海地区及海南岛等地都有大片红树林。

○ 深圳红树林里的大弹涂鱼

红树林

红树林生长在热带、亚热带海岸潮间带，是以红树植物为主体的常绿乔木或灌木植物群落，素有“海岸卫士”的美誉。红树林是一种重要的生态系统，在净化海水、防风消浪、维持生物多样性、固碳储碳等方面发挥着极为重要的作用。

除了生物固碳，科学家还在研发和利用物理固碳技术，即“碳封存”，也就是将人类活动产生的二氧化碳收集并储存起来，使它不进入大气。该过程通过燃烧后的技术，或采用低碳的燃烧前技术，直接从烟道气流中去除二氧化碳。完成二氧化碳捕捉后，再通过管道将其注入一定深度的地下岩层中封存起来。

热机，即热力发动机，如蒸汽机、内燃机、汽轮机、喷气发动机等，可以把热能转换为机械能。

还有一种办法是，利用捕捉到的二氧化碳来获取能量，也就是设法把二氧化碳变成燃料。以往热机工作都是通过燃料的燃烧加热腔室，使密闭空间的气体膨胀，从而驱动热机运转。如果燃料原本就是极低温的，恢复到正常温度后，也会产生巨大压力，即便不燃烧，也能驱动热机运转。低温热机就是根据这一思路，利用碳捕捉完成后形成的干冰物质作为驱动热机运转的燃料。

此外，还可以把二氧化碳作为工业生产的原料使用。当前绝大多数的人造材料、合成制品，都是石油化工的产物。实际上，它们都源自地球上的动植物数亿年前收集的二氧化碳。理论上，我们可以利用捕捉到的二氧化碳，制备当前由石油衍生的化学产品和化工材料。

当然，这些物理固碳技术要想投入实际应用，关键在于如何有效地控制成本。二氧化碳是一种极其稳定的分子，以它为原料参与化工合成，这一过程需要吸收大量能量，转化成本高昂。科学家必须先找到一条低耗能的转化路径。

事实上，基于二氧化碳的产品开发技术，已经衍生出一些很有潜力的产品，比如建筑材料、塑料聚合物、碳纤维和碳材料等。

在减少温室气体的排放方面，人类能做什么？

首先，从改善能源的消费结构入手，大力发展风能、太阳能、潮汐能、核能、地热能等绿色能源，用绿色能源代替产生温室气体的传统能源（化石燃料）。北欧及北美洲的一些发达国家已有许多成功的案例，近些年来，中国在发展建设和利用绿色能源方面也取得长足的进步。

其次，调整产业结构，逐步减少排放温室气体的工业和企业，鼓励工业、企业积极发展和使用绿色能源。

最后，加强科技创新，提高能源的利用率，普及先进高效的节能技术。比如建立高效节能的清洁煤电供应体系，改造或淘汰原有的燃煤锅炉，加强工业领域、建筑领域及交通运输系统的节能等。

太阳与风的礼物

我国的太阳能光伏发电和风力发电技术虽然起步较晚，但发展迅速，如今装机容量与发电量规模已领先于世界。将太阳能与风能转换为电能，这样的发电方式非常环保。

地热发电

地球是一个巨大的热库。地热能是指能够被人类利用的地球内部能量，主要包括地下热水、地下蒸汽、干热岩等。它是一种绿色低碳、可循环利用的可再生资源。图为冰岛蓝湖地区的一座地热发电厂。

尾声　解铃还须系铃人

难以忽视的真相

如果按照洛夫洛克的盖娅理论，把地球视为一个巨大的有机体，那么，作为智人的我们只是整个地球的众多物种之一。人类就像地球这个巨型身体上的一个组织器官一样，甚至只相当于一个细胞。然而，我们不是普通的细胞，而是非常聪明的特殊细胞。我们有其他细胞所没有的巨大创造力，也有它们难以企及的巨大破坏力。

人类虽然是生物史上相对较新的物种，但在很短的地质时期内对地球环境造成了极大的破坏。据估计，就在你花一小时阅读这本书期间，世界上约 12 平方千米的热带雨林在消失、约 4 个动植物物种走向灭绝。2021 年，由于人类乱砍滥伐和过度开荒等，世界上已有约 34% 的原始热带雨林遭到破坏。仅 20 世纪这一百年间，生物物种灭绝的总数就超过了自 6600 万年前的白垩纪末恐龙大灭绝以来的任何一个时代。

《科学》杂志发表的研究指出：目前的物种灭绝速率接近历史平均速率（背景速率）的 1000 倍。如果目前的趋势得不到根本扭转，那么在 21 世纪期间，物种灭绝速率可高达历史平均速率的 10000 倍。依此速率，到 21 世纪下半叶，现生动植物和其他生物物种总数的三分之一到三分之二将永久地从地球上消失。这一大灭绝总数将超过地球历史上历次生物大灭绝的总和。

通过阅读本书，你对此项研究评估应该不会感到特别惊讶，也不会觉得研究者们是在危言耸听了吧？

细想一下，其实我们就是“自身成功的受害者”！

目前，地球上丰富的生物多样性是地球演化 40 多亿年的结果，而全球经济 40% 以上、发展中国家人民生活必需品的 80% 都依赖生物多样性所提供的资源。我们的食物主要来自少数动植物物种，哪怕仅失去其中几种，后果也不堪设想；大部分药品是直接或间接地从生物中提取的；诸如建筑材料、纤维、橡胶、黏合剂、树脂制品、颜料及油料等工业材料也大多来自生物资源。

生物多样性对于维系地球生态系统的整体平衡至关重要：它可以起到维持气候稳定、保护土壤和水资源、分解污染物、储存和循环养料、对灾后自然环境进行修复等作用。单从旅游角度看，生物多样性对于人类的休闲、文化和美学价值也是不可估量的。

因此，保护地球的自然环境和自然资源，首先要保护生物多样性。

欢迎，干一杯污染水！

欢迎！！
干一杯污染水。欢迎！一齐来扼杀自然！
山脉、森林是可以扼杀的。
河流和天空
　　也是可以扼杀的。
从古到今
人只晓得
　　大屠杀出英雄，
不明白
愚蠢的扩大会扼杀自己。
人开心到了愚蠢的程度。
切了左脚再切右脚，
切了左手再切右手，
是不是准备开辟一个奄奄一息的
　　寸草不生的新时代！
富有换来了死亡，
知识换来了退化，
人哪，你今天才明白，
未开发的地方最纯洁，
　　最先进。

——黄永玉《见笑集》

（作家出版社，2022年3月）

这首诗是当代著名画家、作家黄永玉先生创作的一首诗。他用犀利的措辞、反讽的手法，表达了对环境污染、生态危机的担忧，让人读来心头为之一震。让我们齐心协力，共同保护生态家园！

让我们成为觉醒的一代

走笔至此，我突然想起40年前刚来美国留学时，校园办公室里浪费能源的现象实在惊人：冬季屋外天寒地冻，室内大家却穿着衬衣或T恤衫；外面越冷，室内的供暖越足，有时竟到了不得不打开窗户的地步！对刚来到这个国家的我来说，真是匪夷所思！夏季外面热浪滚滚，室内空调却开得很冷，我在办公室里穿长袖衬衣，外面还得套上件毛线背心。近年来，随着人们环保意识的提升，情况有所好转，然而远远不够。须知室温调高或调低一两度，对我们的舒适感影响并不大，但对偌大的校园来说，每年节省的电力和能源累积起来是相当可观的啊！

因此，环保真的要“从我做起”才行。在家养成离开房间随手关灯的习惯，出门尽量做到“绿色出行”，这些都得靠我们在日常生活中一点一滴地行动起来，因而环保绝不是一句口号或空话。环保问题也是一个道德问题：善待我们的生态家园，不仅事关我们自身的命运，而且关系到其他人、其他物种及我们子孙后代的长久福祉，这当然是十分严肃的道德问题！

近年来，每当我从新闻上获悉假期里大批游客涌向一些自然保护区的时候，便暗自担心：喧腾的人海会不会把这大自然喧闹的春天变为卡森所说的“寂静的春天”？我同时忆起1983年夏天在黄石公园野外实习时，看到野生动物与游客们“相看两不厌”

的和谐共处景象，连小朋友们也懂得“路边的野花莫要采”，当时对我的心灵触动极大。须知在那时，“生态旅游”这一概念尚未问世呢。

令人欣慰的是，近年来，我国对环境与自然资源保护极为重视，把尊重自然、顺应自然、保护自然视为全面建设社会主义现代化国家的内在要求，并提出“必须牢固树立和践行绿水青山就是金山银山的理念，站在人与自然和谐共生的高度谋划发展”。可持续发展已成为中国的国家战略，这对中华民族的发展是至关重要的，我们不能重蹈发达国家走过的“先污染后治理”的覆辙，一定要在发展、建设的同时保护好我们的生态家园。

人类是会思考的生物，不能等到灾难临头才考虑如何“可持续”地生存下去。我们必须事先规划好“可持续发展”的模式，提前做好产业布局，大力推进科学创新，变废为宝——把一个产业生成的废料变成另一个产业的生产原料，模拟自然生态系统的修复功能，向“零碳中国”的目标努力奋进。

在个人层面上，我们要努力改变自己的生活方式，向“极简主义”的低碳生活方式转变。我们必须摈弃消费主义不良之风，杜绝铺张浪费，树立新的环保观念，因为大自然绝不会容忍我们毫无节制地消费有限的自然资源——它不会原谅我们的愚蠢，并知道如何惩罚我们。只有保持地球这个宏大的生态系统时刻处于平衡状态，大自然才能满足所有生物物种的资源需求，跷跷板才不会出现一头过高、一头过低的“过度倾斜”现象。只有所有生物物种都“安居乐业”，我们的生态家园才能欣欣向荣。

我真诚地希望，你们读完这本书以后，在掌握了有关地球历史和生物演化、生物多样性、生态系统平衡、环境与自然资源保护等方面知识的基础上，学会亲近、了解、欣赏和热爱大自然（尤其是缤纷的生物多样性），并“从我做起，从现在做起”，拯救和保护我们赖以生存的唯一、美丽的生态家园。正像一首名为《我得觉醒》的歌曲里唱的那样：“我必须行动起来，我必须觉醒，必须有所改变，必须撼动一切，必须直言不讳……”

可再生资源

可以在较短时间内更新、再生，或者可以循环使用。

A. 绿色能源

太阳能、风能、水能、地热能

B. 生物资源

食物、衣物及其他一些生活必需品中的生物制品来源

金矿

不可再生资源

形成、再生过程相对于人类历史而言非常缓慢，在相当长的时期内不可再生。

铁矿

A. 岩石矿物资源

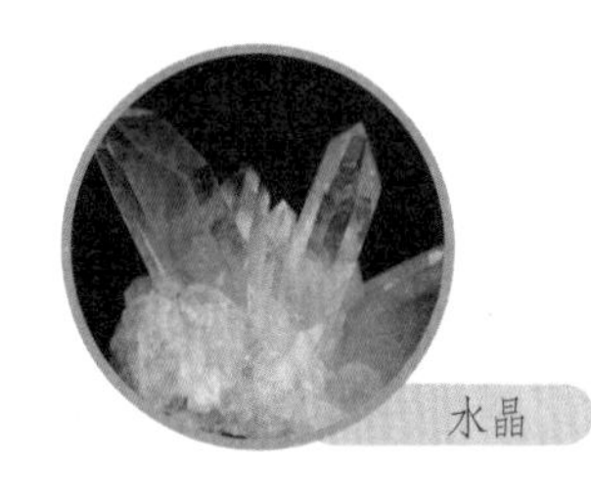

水晶

a. 金属矿物

比如金、银、铜、铁

b. 非金属岩石

比如宝石、钻石、大理石

c. 各种非金属矿物

比如硅、磷、石膏

石膏

B. 化石燃料

煤

煤、石油和天然气

石油

天然气

森林生态系统

森林生态系统分布在较湿润的地区，是所有陆地生态系统中面积最大、结构最复杂、功能最稳定、生物种类最丰富的生态系统。森林在涵养水源、保持水土、调节气候、净化空气等方面起到重要作用，有“绿色水库”“地球之肺”之称。

湿地生态系统

湿地生态系统是在多水和过湿条件下形成的生态系统。沼泽是典型的湿地生态系统，动植物资源丰富。湿地具有净化水质、蓄洪抗旱的作用，号称“地球之肾”。

苔原生态系统

苔原生态系统分布在极地附近或高山上，主要植物是苔藓或地衣，还有少量禾本科植物和低矮小灌木等，动物种类也比较稀少。图为长白山山顶苔原，位于中国东北地区。苔藓植物生长周期长，有较强的水分保持和保肥的作用。

荒漠生态系统

荒漠生态系统分布在长期气候干旱的地区，其生态环境严酷，生物群落稀少，生态系统脆弱。荒漠植物群落以超旱生半乔木、半灌木和灌木等为主，如胡杨、仙人掌、梭梭树等。许多荒漠植物有庞大的根系，能帮助它们更好地在干旱的环境下生存。

农田生态系统

农田生态系统以农作物为主体，动植物种类相对较少。同野生植物相比，农作物抗旱、涝或病虫害的能力较差，需要在栽培和管理中投入大量的人力和物力。图为云南元阳梯田，梯田可以保水、保土、保肥，有利于增产。

城市生态系统

在城市生态系统中，人类起着重要的支配作用。植物的种类和数量相对较少，消费者主要是人类，而不是野生动物。由于人口密集，排放的污水、废气和固体废弃物多，容易产生环境问题。

在点滴行动中保护地球家园

苗德岁

“锄禾日当午，汗滴禾下土。谁知盘中餐，粒粒皆辛苦。”唐代李绅的这首《悯农二首》之二，是我的蒙学读物。其实，除了以悯农之心教育人们珍惜粮食，它还阐明了一个十分简单的道理：只有了解了的东西，你才可能去珍惜它。这也启发了我写作“苗德岁写给孩子的自然科学”系列的初衷：帮助孩子们了解并珍惜地球——这个浩瀚宇宙中我们赖以生存的唯一家园。

在相当长时间里，我们对自己所栖身的居所几近一无所知。在哥白尼之前，人们曾普遍相信地球是宇宙的中心，太阳是围绕着地球转的。在人类进入太空之前，我们对地球依然所知甚少，根本无从体会它的渺小、脆弱、美丽、独特和珍贵。1968 年，当宇航员进入月球轨道后，他们拍摄并发回了人类历史上第一张“地出”（即地球升起）的彩色照片，顿时占据了世界各大报纸头版头条的显要位置，全人类第一次为之震惊与倾倒，宇航员远离地球所捕捉到地球的那种奇美，给我们带来的震撼，委实超越了种族、文化和意识形态。

正如我在本系列第一册《地球史诗》开头所写的：“……我们第一次认识了这个地方。这是一颗美丽的、以蓝色和白色为主色调的星球，是太阳系乃至宇宙中迄今所知唯一存在着生命的星球——它是茫茫宇宙中的生命之舟。承载这条生命之舟的，正是地表上的水。除了水，令生命欣欣向荣的还有大气中的氧气等气体，以及太阳射来的光芒。而地球距离太阳既不太远，又不太近，才使这一切成为可能。”另一方面，身在太空中的宇航员，在离开了地球之后所感到的“无与伦比的孤独”，用其后来的话形容：“没有地球的宇宙，完全是浩瀚、荒凉、令人不寒而栗的空无。”换言之，置身地球之外，我们方能领略到它是广袤无垠的宇宙中最美丽动人的天体，我们有一切理由去爱护它。

地球是一个不断变化的星体，已有46亿年的漫长演化历史；其间，从地心到地壳、从海洋到陆地和大气圈，每时每刻都在发生着变化。地球（包括地球上的生命）的历史，是一部惊心动魄、波澜壮阔又极为复杂的历史。如果我们对这一切都不甚了了且缺乏好奇心的话，不仅极度愚蠢，而且十分危险——甚至是致命的！因为我们是地球的组成部分，它的命运就是我们的命运，它的未来就是我们的未来。

然而，如我书中指出的："在大约46亿年的地球历史上，没有任何物种能像人类这样对气候和生态系统施加了如此巨大的影响。人类活动已导致了全球气候变暖、森林大面积萎缩、许多生物物种灭绝、生物多样性减少、极地冰川消融、海水酸化、海平面上升、资源枯竭等现象。目前，气候变化和生态危机是人类面临的最大挑战。"

当然，人类面对生死存亡的挑战，决不能无所作为。在生命演化史上，我们这一物种成功的独特象征就是其智慧和文化。只要我们充分认识到能源和环境危机的严重性和迫切性，各国人民共同努力，在工业革命和信息革命之后，完全有希望再度创造出崭新的绿色文明。作为个体，我们也应该从日常生活中的一点一滴做起，从节约一粒米、一张纸到少用一个塑料袋做起，来保护我们的环境，拯救我们的家园——地球。

以上便是我为什么要讲述地球的故事的原委，但如何讲好这一宏大的故事，则完全是另一码事。动笔之前，我跟本书责编宋华丽女士有过深入的交流，并取得了共识：发扬创新精神，发挥我们的特长，把这套书做得与众不同；破除课外读物与学校书本脱节的现象、打破学校各科目之间的藩篱，尤其是打通科学与人文“两种文化”之间的壁垒，使孩子们看到科学、人文与艺术（包括诗歌）是必需而且也是有可能融会贯通的。当然，这也是通识教育的理念，力图避免孩子们在中小学阶段就产生“偏科”的倾向，使他们具有全面发展的潜力。

讲好故事是科普作品的灵魂。然而，把地球科学专业知识“无障碍”地介绍给青少年读者，并能引起他们阅读的兴趣，并非一件易事。所幸我师从过几位国内外著名的教育家和演说家，从他们那里学习到了一些“窍门”，加上近年来我已出版了十来本生物演化论和生命科学方面的科普书籍，积累了一定的经验。简言之，科普写作要有诚实严谨的科学性、引人入胜的故事性、旁征博引的趣味性以及寄情寓理的文学性等，使读者被“勾住了”而欲罢不能。

给孩子写科普作品，当然要求更高。首先，自己要对学科知识烂熟于胸（这一点对非专家作者来说很难企及），否则你自己还没彻底弄清楚的东西，也就根本无法给孩子们讲清楚。其次，要会编故事，懂得如何“吊胃口”以及层层推进。再次，要能写得妙趣横生并调动一切文学手段，比如隐喻、类比、白描、夸张、拟人、烘托、铺垫、渲染等，科普作品也不能写得平铺直叙，如白开水一般，读来味同嚼蜡、毫无趣味可言。最后，也是最重要的：千万不要试图炫耀作者自己的聪明博学，令人“望而生畏”，而是让小读者们读完，深感自己把这些深奥的东西“一下子就整明白了”，自己还挺聪明的——“呵呵，今后我也能当科学家！”这才是青少年科普的初衷：弘扬科学精神、传递科学理念、激励科学探索、启发科学思维、领略科学之美。我把传授科学知识，只当作前面几个目标的“副产品”而已。更重要的是，让孩子们保持住童真、童趣和好奇心，鼓励他们“胡思乱想”，不要让书本知识禁锢了他们的想象力。

最后，试图用中文讲好中国故事。时下市场上充斥着自国外引进的大量青少年科普书籍，尽管其中不乏优秀作品，但也有不少并非出自科学家之手，原著即不尽人意，加之译文质量参差不齐，阅读体验并不都是很好。中国地理地质资源丰富多彩，地球科学研究相当深入，在一些领域（比如我所从事的古生物学研究）甚至已处于国际领先地位。因此，用我们的母语，给孩子们讲好自己国土上的地质故事，显得尤为重要。

（本文部分发表于2022年7月12日第20版《人民日报》，有修改。）

达尔文

Charles Robert Darwin

1809—1882

英国生物学家

梭罗

Henry David Thoreau

1817—1862

美国作家

凡尔纳

Jules Gabriel Verne

1828—1905

法国作家

尼古拉·特斯拉

Nikola Tesla

1856—1943

美国发明家、物理学家

威尔斯

Herbert George Wells

1866—1946

英国小说家

米兰科维奇

Milutin Milankovitch

1879—1958

南斯拉夫数学家、天文学家

蕾切尔·卡森

Rachel Carson

1907—1964

美国海洋生物学家、作家

威廉·戈尔丁

William Golding

1911—1993

英国作家

洛夫洛克

James Lovelock

1919—2022

英国大气科学家、发明家

阿西莫夫

Isaac Asimov

1920—1995

美国科幻作家

黄永玉

Huang Yongyu

1924—2023

中国艺术家、美术教育家

爱德华·威尔逊

Edward Osborne Wilson

1929—2021

美国生物学家、博物学家

琳·马古利斯

Lynn Margulis

1938—2011

美国生物学家

古尔德

Stephen Jay Gould

1941—2002

美国古生物学家、作家

道金斯

Clinton Richard Dawkins

1941—

英国演化生物学家、作家

斯蒂芬·金

Stephen King

1947—

美国作家

詹姆斯·卡梅隆

James Cameron

1954—

美国电影导演

丁仲礼

Ding zhongli

1957—

中国地质学家

同学们，在本书中，我们提到了很多与生命科学、环境科学相关的术语。现在，让我们一起认识一些名词的英语叫法。熟悉了它们，你以后阅读英语科普作品就更容易了！

有机体 organism
大气圈 atmosphere
水圈 hydrosphere
岩石圈 lithosphere
生物多样性 biodiversity
地球科学 geoscience
生态学 ecology
古生态学 paleoecology
生物圈 biosphere
生态系统 ecosystem
种群 population
物质循环 material cycle
生物群系 biome
生物群落 community
生产者 producer

消费者 consumer
分解者 decomposer
光合作用 photosynthesis
自养生物 autotrophs
植食性动物 herbivores
肉食性动物 carnivores
杂食性动物 omnivores
食腐动物 scavengers
初级消费者 primary consumer
次级消费者 secondary consumer
三级消费者 tertiary consumer
食物链 food chain
能量循环 energy cycle
捕食 predation
入侵物种 invasive species

共生　symbiosis

偏利共生　commensalism

互利共生　mutualism

寄生　parasitism

寄生物　parasite

宿主　host

生态演（更）替

ecological succession

红海龟　Loggerhead sea turtle

保育（护）生物学

conservation biology

人类生态学　human ecology

城市生态学　urban ecology

排放　emission

温室效应　greenhouse effect

雾霾　smog

酸雨　acid rain

水华　algae bloom

水生动物　aquatic animal

水污染　water pollution

水环境　water environment

热污染　thermal pollution

土地污染　land pollution

基因演化　genetic evolution

文化演化　cultural evolution

可再生资源

renewable resources

不可再生资源

nonrenewable resources

生态足迹　ecological footprint

生物承载力　biocapacity

生态承载力　carrying capacity

生物承载力赤字

biocapacity deficits

生态赤字　ecological deficits

环保主义　environmentalism

气候变暖　climate warming

温室气体　greenhouse gas

物候期　phenological period

冰芯　ice core

岩芯　rock core

太阳辐射　solar radiation

短波辐射　short wave radiation

长波辐射　long wave radiation

可燃冰　natural gas hydrate

生态旅游　ecotourism

X

Y

Z

后 记

《生态家园》是这套书的收官之作，其内容也从地球科学与生命科学逐步转向环境科学；而环境科学又是地球科学和生命科学等学科之间的交叉学科。因此，写作这本书对我来说，既是一种挑战，又充满着求知的享受和乐趣。

无论是报刊还是电视新闻，几乎每天都充斥着发生在世界上的各种坏消息：全球气候在变暖、大气臭氧层在变薄、永久冻土和冰川在消融、海洋在酸化、森林在燃烧、物种在迁徙并消失……这些绝非耸人听闻，而是千真万确发生着的生态环境灾难。当洪水与干旱等自然灾害对人民的生命财产造成巨大损失的时候，没人能继续奉行“鸵鸟政策”，我们必须勇敢面对。

当然，人类面对这一生死存亡的威胁，也决不会无所作为。在生命演化史上，我们这一物种成功的独特象征就是其智慧和文化。只要我们充分认识到能源和环境危机的严重性和迫切性，各国人民共同努力，在工业革命和信息革命之后，完全有希望再度创造出崭新的绿色文明。虽然“我们是谁”“我们从哪里来”并非是我们的主动选择（而是生命演化的结果），但“我们往何处去”是我们所要面临的选择。读完这本书，我希望小读者们已经清楚了自己的选择。

在完成这一系列六本书之后，“无债一身轻”的感觉自不待言，我为能成为青岛出版社“科学 +”品牌的首位作者而倍感荣幸，我一直盼望着中文世界能有一套科学方面的“蒙学读物”，它并不是一般意义上的少儿科普作品，而是科学与人文融合的通识读物。我希望我们的这一努力，基本上算是成功的。

我之所以能顺利完成这一旷日持久的写作计划，很难离开我的家人及“亲友团”成员们自始至终的鼓励、帮助和支持，主要包括：张弥曼院士、戎嘉余院士、周忠和院士、沈树忠院士、朱敏院士、王原、高星、付巧妹、张德兴、徐星、蒋青、卢静、张劲硕、史军、严莹、吴飞翔、郝昕昕、陈楸帆、孙正凡、陈红、陈叶、宋旸、胡珉琦等；还有我的美国师友们：Jay Lillegraven, Hans-Peter Shultze, Jim Hopson, Jim Beach, Bob Timm, David Burnham 等。本书部分图片来自视觉中国、维基共享资源、三蝶纪（第 111 页）等。

我有幸师从过几位最会讲故事的导师和教授：加州大学伯克利分校已故教授 Bill Clemens 和 Don Savage，怀俄明大学教授 Jay Lillegraven, Don Boyd（已故）和 David Duvall，芝加哥大学教授 Jim Hopson 和 Eric Lombard，以及哥伦比亚大学已故教授 Malcolm McKenna——他们的专业领域从地质学、古生物学到动物行为学和解剖学，无论是冷冰冰的石头还是响尾蛇和人体，他们都能讲述得生动有趣、令人着迷。如果说我的科普作品读来不那么乏味的话，正是上述老师们的言传身教令我受益无穷。

最后，我衷心感谢我忠实的小读者及其家长们的厚爱，你们的阅读和支持给了我持续创作的动力。

品牌介绍

知识无边界，学科划分不是为了割裂知识。中国自古有“多识于鸟兽草木之名”“究天人之际，通古今之变”的通识理念，西方几百年来的科学发展历程也闪烁着通识的光芒。如今，通识正成为席卷全球的教育潮流。

“科学+”是青岛出版社旗下的少儿科普品牌，由权威科学家精心创作，从前沿科学主题出发，打破学科界限，带领青少年在多学科融合中感受求知的乐趣。

苗德岁教授撰写的系列图书涉及地球、生命、人类进化、自然环境、生物多样性等主题，为“科学+”品牌推出的首批作品。